SERIE DE LA APLICACIÓN DE CIENCIAS

BIOLOGÍA

Procesos dinámicos

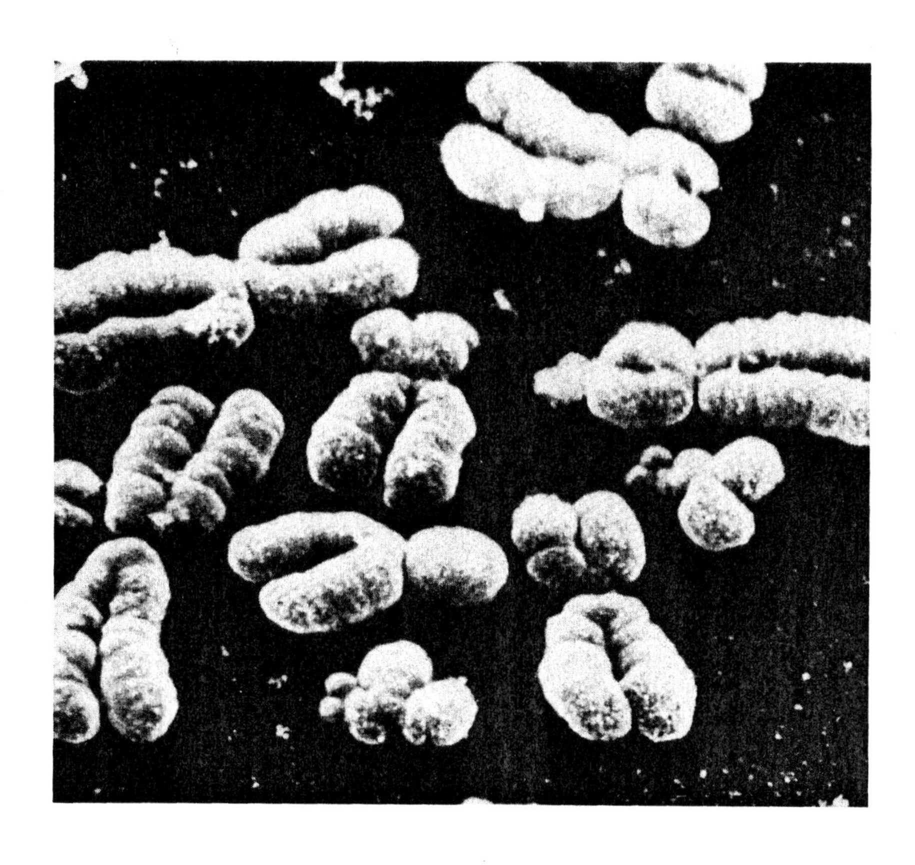

Seymour Rosen

GLOBE FEARON
Pearson Learning Group

THE AUTHOR

Seymour Rosen received his B.A. and M.S. degrees from Brooklyn College. He taught science in the New York City School System for twenty-seven years. Mr. Rosen was also a contributing participant in a teacher-training program for the development of science curriculum for the New York City Board of Education.

Cover Photograph: Biophoto Associates/Science Source
Photo Researcher: Rhoda Sidney

Photo Credits:

p. 10, Fig. D: Runk/Schoenberger, Grant Heilman
p. 34: Alan Carey/The Image Works
p. 61, Fig. A: National Audubon Society/Photo Researchers
p. 61, Fig. B: Hal Harrison/Grant Heilman
p. 62, Fig. C: Christian Grzimek/Photo Researchers
p. 62, Fig. D: National Audubon Society/Photo Researchers
p. 82, Fig. C: Peter Menzel/Stock, Boston
p. 94: Heilman/Monkmeyer Press Photos
p. 115, Fig. H: PhotoTrends
p. 116, Fig. I: Rhoda Sidney
p. 123, Fig. F: Communicable Disease Center
p. 123, Fig. G: Christopher Morrow/Stock, Boston
p. 144, Fig. B: Grant Heilman
p. 144, Fig. C: National Audubon Society/Photo Researchers
p. 144, Fig. D: Carl Frank, Photo Researchers
p. 144, Fig. E: Lee Snider, Photo Images
p. 145, Fig. F: Omikron/Photo Researchers
p. 145, Fig. G: Fredrik D. Bodin/Stock, Boston
p. 155, Fig. A: United Nations
p. 155, Fig. B: Runk/Schoenberger/Grant Heilman
p. 158: Peter Menzel/Stock, Boston
p. 161, Fig. A: Bethlehem Steel Corporation
p. 162, Fig. C: Photo Researchers
p. 163, Fig. E: Photo Researchers
p. 163, Fig. F: Advertising Council, U.S.D.A. Forest Service
p. 164, Fig. G: Grant Heilman
p. 164, Fig. H: Wendell Metzen/Bruce Coleman

ISBN 0-8359-0714-7
Printed in the United States of America
6 7 8 9 10 09 08 07 06 05

Pearson Learning Group

1-800-321-3106
www.pearsonlearning.com

ÍNDICE

GENÉTICA

EVOLUCIÓN

VIRUS Y ENFERMEDADES

ECOLOGÍA

Introducción a los Procesos dinámicos

¿Alguien te has dicho alguna vez que tienes ojitos igualitos a los de tu madre? ¿Qué quería decir con esto? En este libro, aprenderás sobre las estrechas semejanzas entre los padres y sus descendientes. Los descendientes se parecen a sus padres porque han heredado ciertos caracteres, o características, de ellos. Aprenderás las razones por las que puedes parecerte a tu padre o a tu madre.

Aprenderás también sobre la evolución, o sea, el proceso por el cual los organismos se transforman a través del tiempo. Vamos a seguir la trayectoria de las teorías de la evolución, desde la época de Charles Darwin hasta la actualidad.

En este libro, aprenderás también sobre los virus y las enfermedades. Se explicará la diferencia entre las enfermedades contagiosas y las no contagiosas. Además, se explicarán los métodos para evitar las enfermedades, tales como el SIDA.

Por último, aprenderás más sobre la ecología y la conservación y sobre lo que puedes hacer para convertir al medio ambiente en un lugar mejor para vivir.

¿Qué son caracteres?

1

caracteres: características de seres vivos

LECCIÓN 1 ¿Qué son caracteres?

Es fácil reconocer un elefante. Un elefante es muy grande y tiene una trompa larga. Es fácil también reconocer una jirafa por el cuello largo.

La trompa del elefante y el cuello de la jirafa son ejemplos de **caracteres.** Los caracteres son las características que tienen todos los seres vivos. Nos ayudan a identificar los seres vivos.

Los científicos han clasificado los seres vivos en grupos, de acuerdo con los caracteres. Todos los miembros de un grupo comparten algunos de los mismos caracteres. Por ejemplo, todas las aves tienen plumas. Todos los mamíferos tienen algo de pelo. Todas las jirafas tienen cuellos largos. Y todos los elefantes son grandes y tienen trompas largas.

Los organismos dentro de un grupo pueden compartir ciertos caracteres, pero no hay dos que sean exactamente iguales. Siempre existen diferencias individuales. Decimos que estas diferencias son caracteres individuales.

Toma, por ejemplo, el elefante. Todos los elefantes son grandes, pero algunos son más grandes que otros. Todas las jirafas tienen cuellos largos, pero algunas jirafas tienen cuellos más largos que otras jirafas.

Todos los seres humanos comparten ciertos caracteres. Sin embargo, no hay dos seres humanos exactamente iguales, ni siquiera los gemelos. Siempre hay diferencias individuales.

Las diferencias individuales nos permiten distinguir entre los distintos miembros del mismo grupo.

Piensa en tus amigos, por ejemplo. Puedes reconocer a uno del otro por sus caracteres individuales. Estos incluyen su tamaño, el tipo y el color del pelo, el color de la piel y la forma del rostro. ¿Cuántos otros caracteres humanos puedes nombrar?

Figura A

Los seres humanos y las ranas se parecen de algunas maneras. Comparten ciertos caracteres. Por ejemplo:

- Tanto los humanos como las ranas son seres vivos. Así que, los dos llevan a cabo los procesos de vida.
- Tanto los humanos como las ranas son animales.
- Tanto los humanos como las ranas son vertebrados. Tienen columnas vertebrales.

Pero los humanos y las ranas se difieren, uno del otro también. Son muy diferentes. Podemos distinguir a los humanos de las ranas por los caracteres que no comparten.

Aquí y en la página siguiente hay una lista de quince caracteres. Algunos son caracteres humanos. Algunos son caracteres que tienen las ranas.

Piensa en cada carácter. ¿Pertenece a los humanos o pertenece a las ranas? Escribe "Humano" junto a cada carácter humano. Escribe "Rana" junto a cada carácter de las ranas.

1. cubierto con algo de pelo ____________
2. fecundación externa ____________
3. fecundación interna ____________
4. los embriones se desarrollan fuera del cuerpo de la hembra ____________
5. las hembras pueden amamantar a sus crías ____________
6. dan a luz a crías vivas ____________
7. pasa toda la vida en la tierra ____________
8. al principio de la vida vive en el agua y pasa la vida de adulto en la tierra ____________
9. aspira sólo por los pulmones ____________
10. aspira por branquias al principio de la vida ____________
11. los adultos aspiran por pulmones o por la piel ____________
12. se para en dos piernas ____________

13. se para en cuatro patas ____________________

14. se alimenta sólo de insectos ____________________

15. se alimenta de carnes y de plantas ____________________

Ahora, contesta estas preguntas.

16. ¿Tienen todos los humanos los caracteres que identificaste como "Humano"? ________

17. ¿Tienen todas las ranas los caracteres que identificaste como "Rana"? ____________

18. Todos los caracteres que nombraste son caracteres ____________________ .
del grupo, individuales

19. ¿Son exactamente iguales todas las ranas? ____________________

20. ¿Son exactamente iguales todos los humanos? ____________________

PARA RECONOCER LOS CARACTERES INDIVIDUALES DE LOS INDIVIDUOS

Mira la Figura B. Luego, contesta las preguntas.

Juan, Jaime y Tomás son seres humanos. Tienen casi la misma edad. Tienen todos los caracteres que comparten todos los seres humanos. Sin embargo, son diferentes, uno del otro.

Figura B

- Juan es bajo y delgado. Tiene la piel morena clara y el pelo oscuro y liso.
- Jaime es alto y gordito. Tiene la piel morena oscura y el pelo oscuro y rizado.
- Tomás es alto y delgado. Tiene la piel clara y el pelo rubio y rizado.

1. Identifícalo por su letra.

   a) ¿Cuál de ellos es Juan? ________________

   b) ¿Cuál de ellos es Jaime? ________________

   c) ¿Cuál de ellos es Tomás? ________________

2. a) ¿Tienen pelo todos los humanos? ________________

   b) El pelo ________________ un carácter humano.
   es, no es

   c) ¿Tienen todos los humanos el pelo del mismo color? ________________

   d) ¿Tienen todos los humanos el pelo rizado? ________________

   e) ¿Tienen todos los humanos el pelo liso? ________________

3. ¿Qué clase de carácter es el tipo y el color del pelo? ________________
   individual, del grupo

4. A una edad determinada, ¿tiene cada persona la misma estatura? ________________

5. ¿Son algunas personas más altas que el promedio? ________________

6. ¿Son algunas personas más bajas que el promedio? ________________

7. ¿La diferencia de estatura es qué clase de carácter? ________________
   individual, del grupo

En la Figura C se ven dos vainas y sus guisantes. Las dos son de la misma edad.

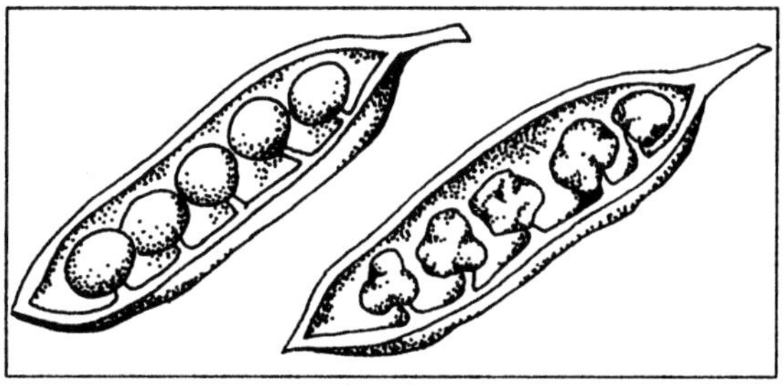

8. ¿Son exactamente iguales los guisantes de estas vainas? ____________

9. ¿Cuáles son algunas diferencias que puedes notar entre las pieles de los guisantes?

   ____

   ____

Figura C

10. ¿Qué clase de diferencia es ésta? ________________
    individual, del grupo

COMPLETA LA ORACIÓN

Completa cada oración con una palabra o una frase de la lista de abajo. Escribe tus respuestas en los espacios en blanco.

grupo	los mismos	plantas
caracteres	caracteres individuales	exactamente
humanos	individuales	se identifican
seres vivos		

1. Las características que tiene un ser vivo son sus ________________.
2. Los seres vivos ________________ por sus caracteres.
3. Los científicos clasifican los ________________ de acuerdo con sus caracteres.
4. Los miembros de un grupo comparten ciertos caracteres que son ________________
5. No hay dos seres vivos que sean ________________ iguales.
6. Las diferencias entre los individuos del mismo grupo son los ________________.
7. Una columna vertebral, la fecundación interna y el desarrollo del embrión son caracteres del grupo de los ________________.
8. Las diferencias individuales nos permiten identificar a distintos miembros del mismo ________________.
9. Las paredes celulares y la fabricación de sus propios alimentos son caracteres del grupo de las ________________.
10. La piel arrugada y la piel lisa son caracteres ________________ de los guisantes.

HACER CORRESPONDENCIAS

Empareja cada término de la Columna A con su descripción en la Columna B. Escribe la letra correcta en el espacio en blanco.

	Columna A	**Columna B**
________	**1.** los caracteres	**a)** carácter del grupo de las aves
________	**2.** las plumas	**b)** carácter individual de los humanos
________	**3.** el color de las plumas	**c)** carácter del grupo de los humanos
________	**4.** el pelo	**d)** características
________	**5.** la estructura del pelo	**e)** carácter individual de las aves

¿Qué son los cromosomas?

2

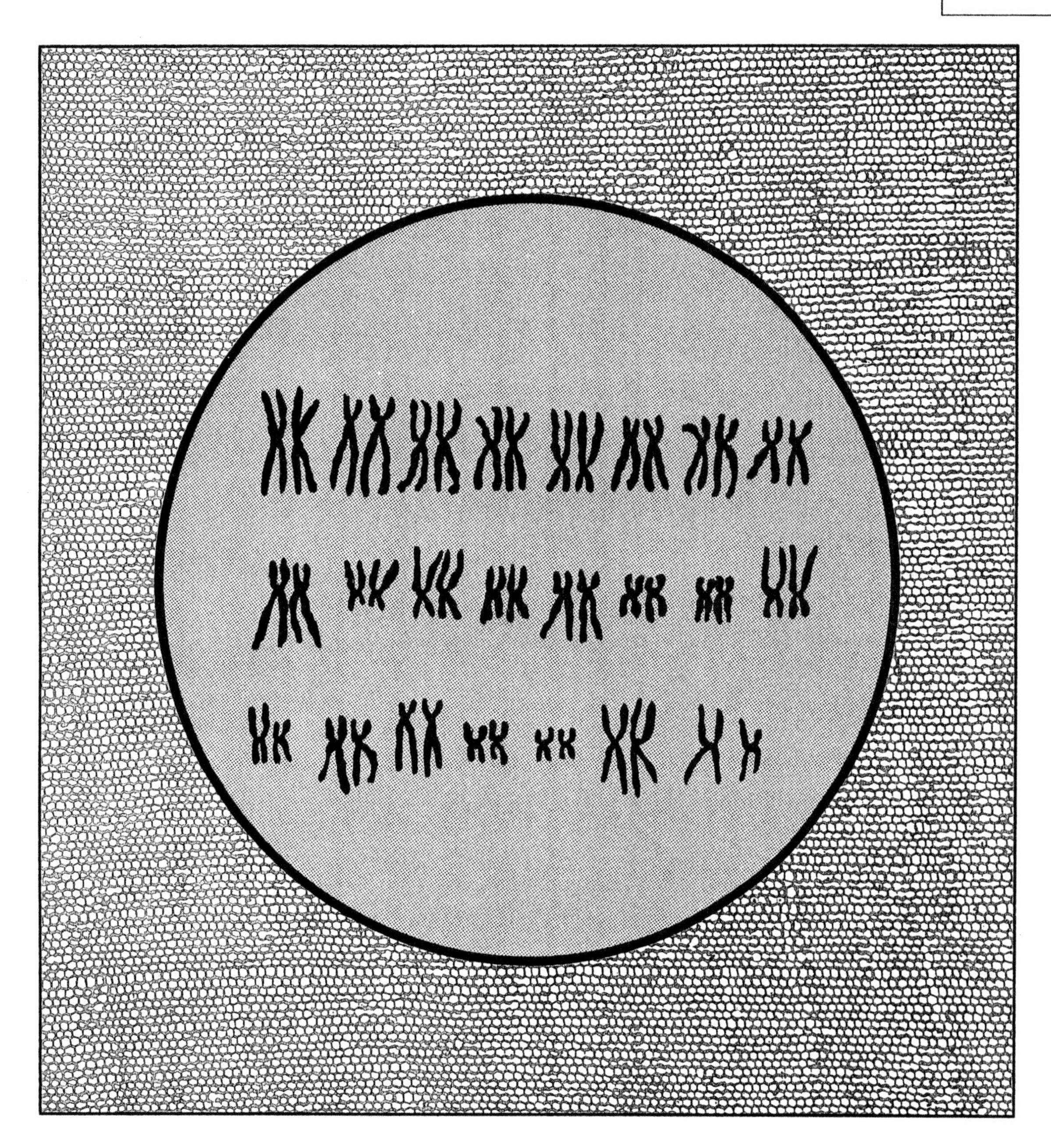

cromosomas: estructuras, que tienen forma de bastoncillo, en el núcleo de una célula y que controlan la herencia
gameto: célula sexual
gene: parte de un cromosoma que controla los caracteres hereditarios
genética: estudio de la herencia

LECCIÓN 2 | ¿Qué son los cromosomas?

"María tiene los ojos de su madre." "Tomás tiene un cuerpo igual a su padre." ¿Cuántas veces has oído comentarios como estos?

Todas las personas se parecen a sus padres de alguna forma. Tienen caracteres parecidos... Y no es por casualidad. Muchos caracteres pasan de los padres a sus descendientes. Decimos que son caracteres hereditarios. Pero, ¿cómo se heredan? Pues, se encuentra la respuesta en el núcleo de la célula.

El núcleo tiene cuerpos diminutos que se llaman **cromosomas.** La mayoría de ellos tienen forma de bastoncillo. En las células corporales se encuentran los cromosomas en pares. Las células corporales son todas las células menos las del espermatozoide y las del óvulo.

Cada tipo de organismo tiene un número específico de cromosomas. Por ejemplo, cada célula corporal de una mosca de la fruta tiene 8 cromosomas (4 pares); un ser humano tiene 46 (23 pares); un guisante tiene 14 (7 pares).

A lo largo de cada cromosoma hay muchas bandas oscuras. Cada banda es una pequeña parte del cromosoma que se llama un **gene.** Hay muchísimos genes, al menos un millón en cada núcleo. Los genes determinan los caracteres de un organismo.

Hay genes para la estatura, genes para el tamaño y la forma de la nariz, genes para el color del pelo, de la piel y de los ojos. En realidad, hay genes para la mayoría de los caracteres que tiene cualquier individuo. Algunos genes aun influyen en los caracteres de la voz, la inteligencia y el comportamiento. Los genes también controlan los procesos de vida de las células.

En la reproducción, tanto la asexual como la sexual, los cromosomas (y los genes) se transmiten de los padres a sus descendientes. Durante la reproducción asexual, cada célula hija recibe los cromosomas de una sola célula madre. La célula hija es una copia exacta de la madre. Algunos organismos y las células corporales de todos los organismos se reproducen asexualmente.

Durante la reproducción sexual, la progenie recibe los cromosomas de cada célula madre. Los cromosomas en los **gametos,** o sea, las células sexuales, no están en parejas. La célula de un espermatozoide o de un óvulo sólo tiene la mitad del número de cromosomas de una célula corporal. Cuando sucede la fecundación, se unen la célula del espermatozoide y la del óvulo. Juntas, sus cromosomas llegan a igualar al número de los de las células corporales. El óvulo fecundado, o sea, el zigoto, tiene cromosomas de la madre y del padre. También tiene caracteres de los dos.

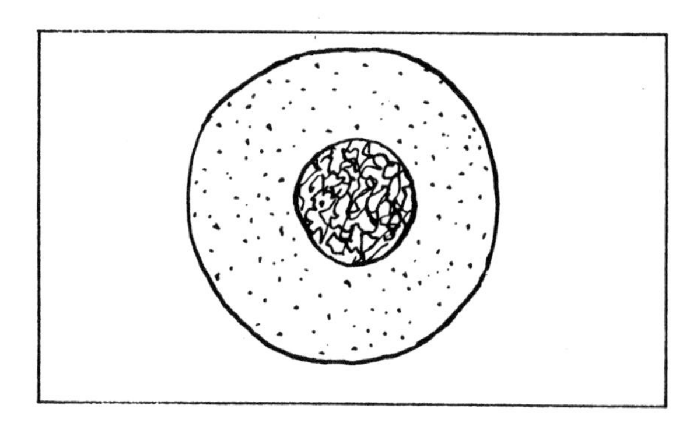

Figura A

Cada célula tiene un núcleo.

1. La Figura A muestra una célula animal.

   a) Traza una línea al núcleo.

   b) Márcalo "núcleo".

   Revise las etiquetas de los estudiantes.

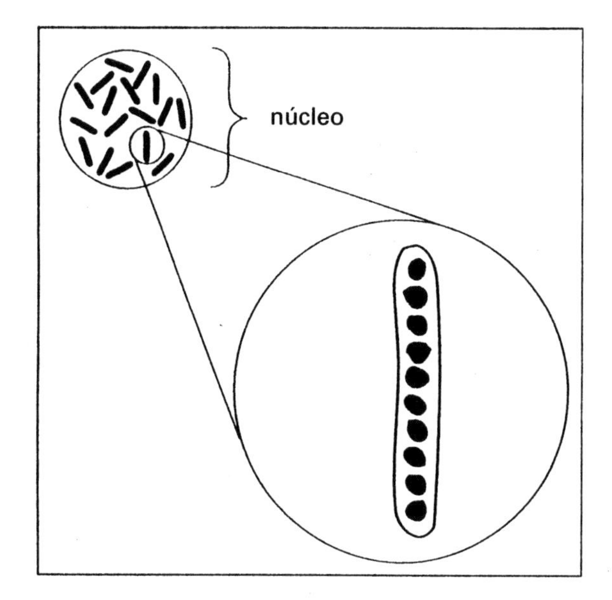

Figura B

2. Dentro del núcleo hay cuerpos diminutos con forma de bastoncillo. ¿Cómo se llaman?

   ____

3. Un cromosoma consiste en cuerpos que son aún más pequeños. ¿Cómo se llaman?

   ____

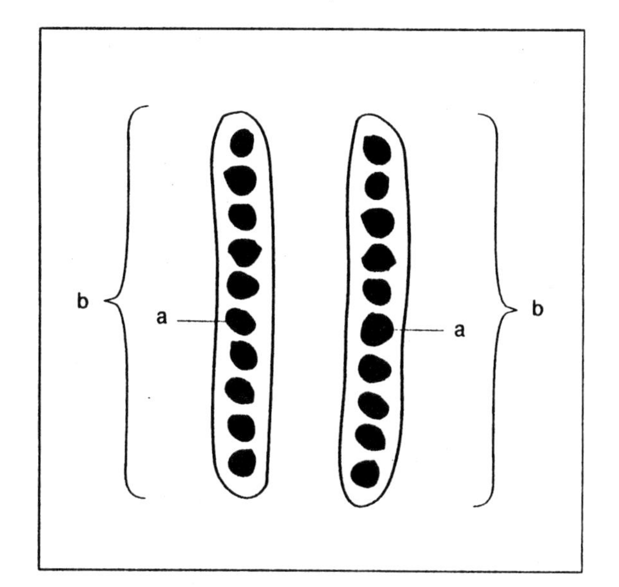

Figura C

4. La Figura C muestra un par de cromosomas y sus genes.

   a) Los cromosomas están marcados con la letra ________ .

   b) Dos genes están marcados con ________ .

5. ¿Por qué son importantes los genes?

   ____

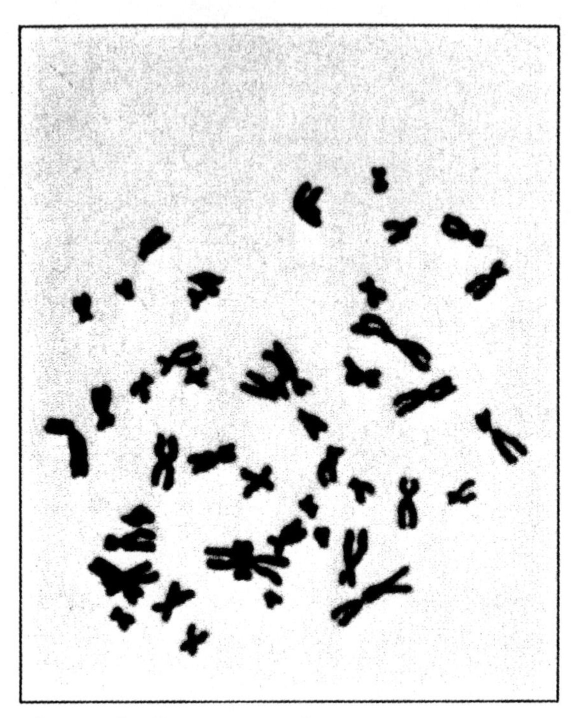

Figura D *Cromosomas humanos*

La Figura D muestra cómo se ven los cromosomas humanos en realidad.

- Cada célula corporal de un organismo en particular tiene los mismos cromosomas.
- No hay dos individuos que se reproducen sexualmente que tengan los mismos cromosomas.

Tienes billones de células corporales. Cada célula tiene los mismos cromosomas que las otras. No hay otra persona en el mundo que tenga estos mismos cromosomas. No existe ninguna "copia" de ti en ninguna parte del mundo entero.

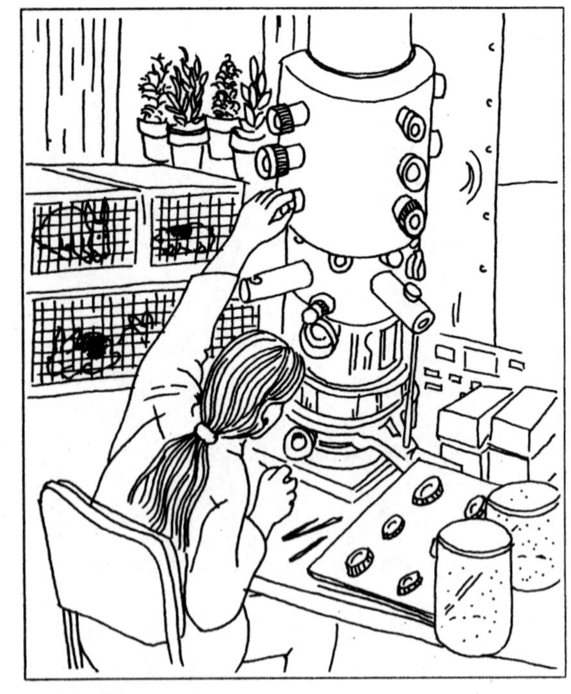

Figura E

El estudio de los caracteres y la manera en que se transmiten se llama la **genética.**

- Todos los seres vivos tienen caracteres.
- Todos los seres vivos tienen genes.
- Solamente los seres vivos tienen genes.

Los genes contienen los "planes" para los caracteres de un organismo.

¿Dé qué son los genes? Los científicos han descubierto que los genes están constituidos por un compuesto complejo que se llama A.D.N. Las letras A.D.N. significan el ácido desoxirribonucleico. Trata de pronunciarlo.

COMPLETA LA ORACIÓN

Completa cada oración con una palabra o una frase de la lista de abajo. Escribe tus respuestas en los espacios en blanco. Algunas palabras pueden usarse más de una vez.

genes	46	específico
pares	genética	23
hereditarios	caracteres	cromosomas

1. Las características de un individuo son sus ________________ .
2. Los caracteres se pasan de los padres a sus descendientes. Otra manera de decirlo es que son "caracteres ________________".
3. El estudio de la herencia es la ________________ .
4. El núcleo contiene cuerpos diminutos en forma de bastoncillo que se llaman ________________ .
5. Un cromosoma consiste en una cadena de ________________ .
6. Los genes determinan los ________________ de un individuo.
7. Cada organismo tiene un número ________________ de cromosomas.
8. En las células corporales, los cromosomas se encuentran en ________________ .
9. Cada una de tus células corporales tiene ________________ pares de cromosomas. Este número representa un total de ________________ cromosomas individuales.
10. Un espermatozoide o un óvulo humano tiene ________________ cromosomas individuales.

HACER CORRESPONDENCIAS

Empareja cada término de la Columna A con su descripción en la Columna B. Escribe la letra correcta en el espacio en blanco.

	Columna A	Columna B
________	**1.** los genes	**a)** compuesto que forma los genes
________	**2.** los cromosomas	**b)** consisten en muchísimos genes
________	**3.** el A.D.N.	**c)** tienen cromosomas no emparejados
________	**4.** las células corporales	**d)** transmiten los caracteres
________	**5.** los gametos	**e)** tienen cromosomas emparejados

Los diagramas de abajo muestran cómo se transmiten los cromosomas de los padres a su progenie durante la reproducción asexual y la sexual. Examina las Figuras F y G. Luego, contesta las preguntas.

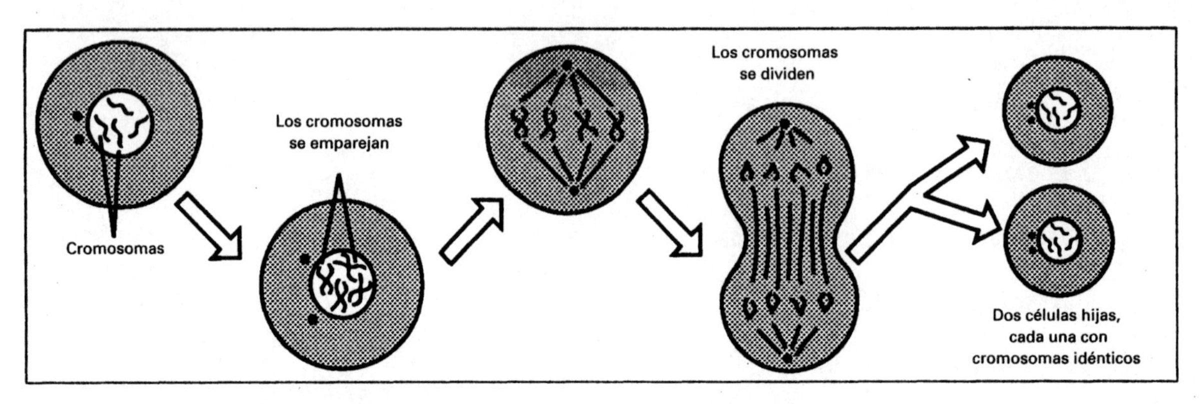

Figura F *La reproducción asexual*

1. ¿Cuántos cromosomas hay en la célula madre de la Figura F? ____________

2. ¿Cuántos cromosomas hay en cada una de las células hijas? ____________

3. En la Figura F, ¿cómo se comparan los cromosomas de la célula madre con los de la célula hija? ____________

4. ¿Qué figura muestra cómo se reproducen las células corporales? ____________ F, G

5. **a.** En la Figura G, ¿cuántos cromosomas hay en cada espermatozoide? ____________
   b. ¿Cuántos cromosomas hay en cada célula del óvulo? ____________

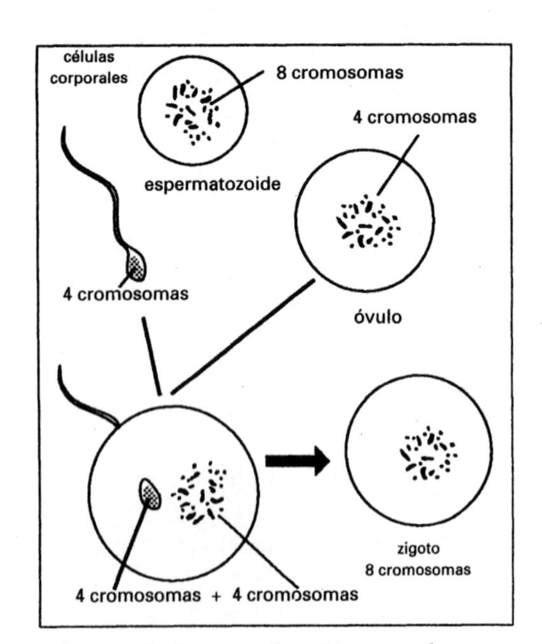

Figura G *La reproducción sexual*

6. Los gametos tienen ____________ la mitad, el doble del número de cromosomas que las células corporales.

7. La fecundación produce una sola célula. ¿Cómo se llama? ____________

8. ¿Cuántos cromosomas tiene el zigoto de la Figura G? ____________

9. ¿Cuántos cromosomas tendrá cada célula corporal del organismo?

____

10. La progenie tendrá caracteres tanto de la madre como del padre. ¿Por qué?

____

____

____

¡EL NÚMERO, POR FAVOR!

Escribe el número que falta de cromosomas.

	Organismo	Cromosomas en cada célula corporal	Cromosomas en cada espermatozoide u óvulo
1.	Humano	46	
2.	Caballo	60	
3.	Mosca		6
4.	Perro	78	
5.	Saltamontes		7
6.	Zancudo		3
7.	Gallina	18	
8.	Manzana		17
9.	Espinaca	12	
10.	Azucena		12

11. Un gameto tiene ________________ del número de cromosomas que tiene una célula corporal.
la mitad, el doble

12. ¿Cuántos pares de cromosomas hay en cada célula corporal de los siguientes?

a) caballo ______________ **d)** azucena ______________

b) zancudo ______________ **e)** humano ______________

c) espinaca ______________ **f)** mosca ______________

PALABRAS REVUELTAS

A continuación hay varias palabras revueltas que has usado en esta lección. Pon las letras en orden y escribe tus respuestas en los espacios en blanco.

1. NEEG ______________________

2. RIODIREHETA ______________________

3. NEGITÉCA ______________________

4. ETOMAG ______________________

5. COMROMASO ______________________

CIERTO O FALSO

En el espacio en blanco, escribe "Cierto" si la oración es cierta. Escribe "Falso" si la oración es falsa.

_________ **1.** Los caracteres son las características de los seres vivos.

_________ **2.** Sólo los animales tienen caracteres.

_________ **3.** Los caracteres se transmiten de la progenie a los padres.

_________ **4.** Los caracteres se transmiten en los genes.

_________ **5.** Una célula sólo tiene unos pocos genes.

_________ **6.** Sólo los animales tienen genes.

_________ **7.** Diferentes genes determinan diferentes caracteres.

_________ **8.** Los genes forman los cromosomas.

_________ **9.** Todos los organismos tienen el mismo número de cromosomas.

_________ **10.** Los cromosomas de las células corporales están en parejas.

_________ **11.** Los cromosomas de los gametos están en parejas.

_________ **12.** Una célula corporal y una célula sexual tienen el mismo número de cromosomas.

_________ **13.** Los gametos tienen la mitad del número de cromosomas que las células corporales.

_________ **14.** Una célula corporal humana tiene un total de 23 cromosomas.

_________ **15.** Un gameto humano tiene 23 cromosomas individuales.

AMPLÍA TUS CONOCIMIENTOS

¿Cuál de los organismos se parecerá más al padre, uno que resulta de la reproducción asexual o uno que resulta de la reproducción sexual? ¿Por qué? _________________________

____

____

____

¿Qué son los caracteres dominantes y recesivos?

3

gene dominante: gene más fuerte que siempre se presenta
híbrido: que tiene dos genes diferentes
puro: que tiene dos genes iguales
gene recesivo: gene más débil que se "esconde" cuando está presente el gene dominante

LECCIÓN 3 ¿Qué son los caracteres dominantes y recesivos?

Tomás tiene el pelo oscuro, igual que sus padres. El pelo de Sarita es oscuro también, igual que su padre. Sin embargo, el pelo de su madre es rubio.

Es fácil de comprender por qué tiene el pelo oscuro Tomás. Tanto su padre como su madre tienen el pelo oscuro. Pero, ¿qué pasa con Sarita? ¿Por qué tiene ella el pelo oscuro? ¿Por qué no tiene pelo rubio?

Las preguntas como éstas las contestó por primera vez a mediados del siglo diecinueve Gregor Mendel, un monje austríaco. Muchas veces se le llama a él "padre de la genética". Mendel observaba los caracteres hereditarios. Se preguntaba por qué algunos caracteres de los padres se encuentran en la progenie o sea, en los descendientes, y otros caracteres no.

Para hallar la respuesta, Mendel hacía experimentos con plantas de guisantes. Observaba ciertos caracteres, tales como la altura y la pequeñez, el color y la lisura de la piel. Sus experimentos le condujeron a los Principios de la genética. Estos principios son válidos para todos los organismos que se reproducen sexualmente.

Uno de los principios de la genética se llama la ley del predominio. La ley del predominio afirma:

1. Un organismo recibe dos genes para cada carácter: uno del padre y uno de la madre.

2. Uno de los genes puede ser más fuerte que el otro. El carácter del gene más fuerte es el que se transmite. El gene que se transmite es el **gene dominante**. El gene "escondido" se llama el **gene recesivo** para ese carácter.

Si la progenie recibe dos de los mismos genes (dos recesivos o dos dominantes), la progenie va a heredar ese carácter. No existe otra posibilidad.

Sin embargo, imagínate que un organismo tiene un gene dominante y un gene recesivo para un carácter. El organismo tendrá el carácter del gene dominante. El gene recesivo estará "escondido".

Volvamos a pensar en Sarita. Ella tiene los genes para el pelo oscuro y para el pelo rubio. El gene para el pelo oscuro es dominante sobre el gene para el pelo rubio. Por eso, Sarita tiene el pelo oscuro.

Es interesante notar que un carácter que sea dominante para un tipo de organismo puede ser recesivo para otro tipo de organismo.

Lo que tienes que saber:

Los organismos que tienen dos de los mismos genes para un carácter específico se llaman **puros.**

Un organismo puro puede tener dos genes dominantes o dos genes recesivos. Por ejemplo, la planta de un guisante puede tener dos genes para la altura o dos genes para la pequeñez. En las plantas de guisantes, el gene para la altura es el dominante.

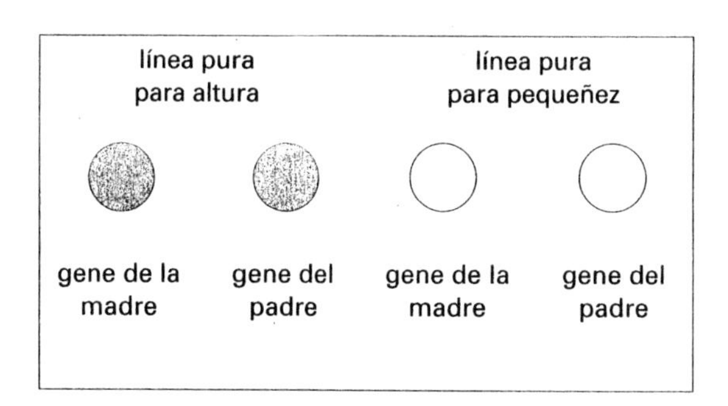

Figura A

Los organismos que tienen dos genes desiguales para un carácter en específico se llaman **híbridos.** Una planta de guisante que tiene un gene para la altura y un gene para la pequeñez es un híbrido.

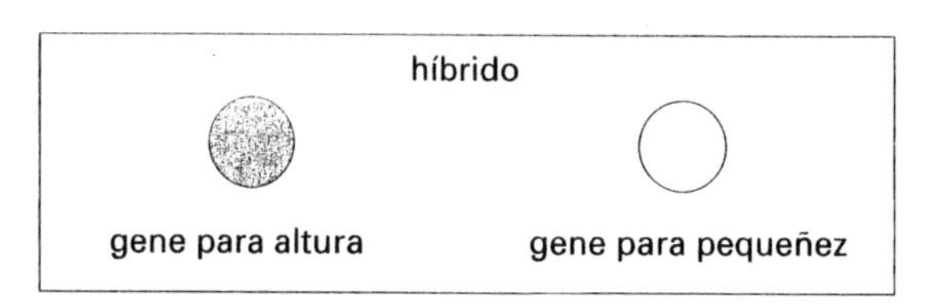

Figura B

Ningún organismo tiene todos los genes dominantes ni todos los genes recesivos.

Un organismo puede ser puro para ciertos caracteres e híbrido para otros. En las Figuras de C a F, se ven algunos de los experimentos que hizo Mendel con las plantas de guisantes. Estudia las figuras y contesta las preguntas para cada una.

Traza un círculo alrededor de la letra de la frase que mejor termine cada oración. Para las otras oraciones, complétalas en los espacios en blanco.

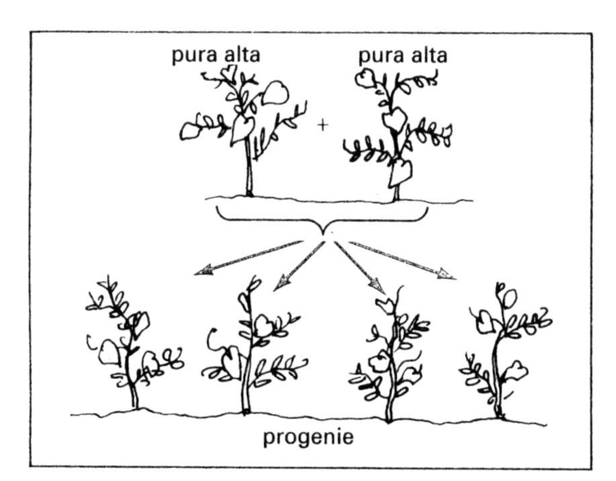

Figura C *Mendel polinizó dos plantas de guisantes puras altas con la polinización cruzada.*

1. La progenie de las plantas de guisantes puras altas es
   a) solamente alta.
   b) solamente baja.
   c) alta y baja.

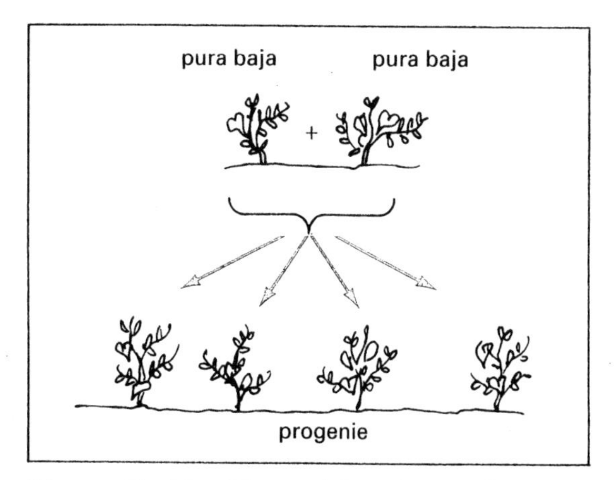

Figura D *Mendel cruzó dos plantas de guisantes puras bajas.*

2. La progenie de las plantas de guisantes puras bajas es
   a) solamente alta.
   b) solamente baja.
   c) alta y baja.

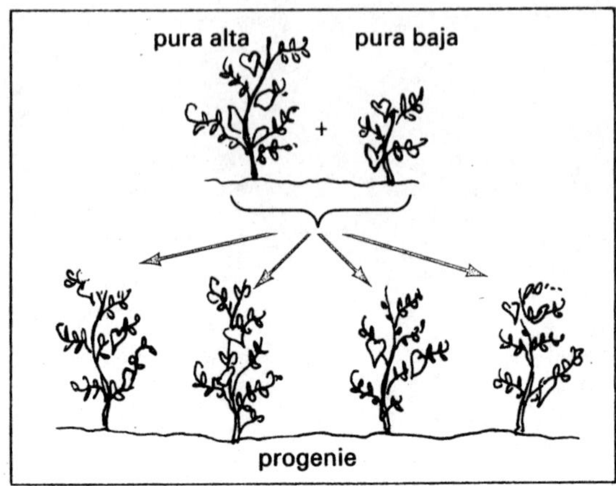

Figura E *Mendel cruzó una pura alta con una pura baja.*

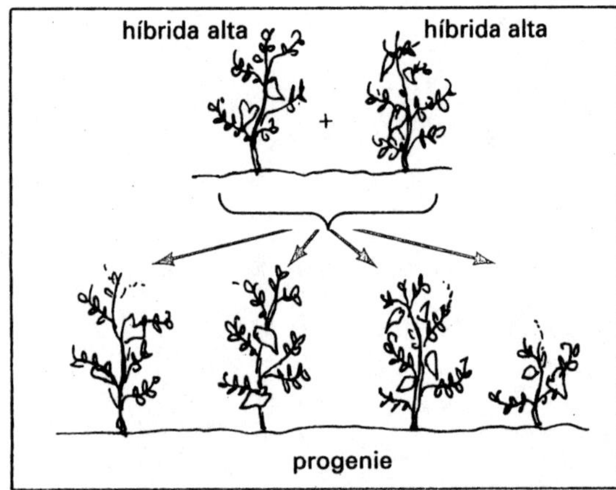

Figura F *Mendel cruzó plantas híbridas.*

3. La progenie de plantas de guisante puras altas y plantas puras bajas es

a) solamente alta.

b) solamente baja.

c) alta y baja.

4. Notamos que en las plantas de guisante,

la ______________ es dominante sobre
pequeñez, altura

la ______________ .
pequeñez, altura

5. La progenie ahora tiene genes de altura de los dos padres. Son

a) genes solamente para la altura.

b) genes solamente para la pequeñez.

c) genes para la altura y para la pequeñez.

6. La progenie es ______________ .
pura, híbrida

7. La progenie de plantas de guisantes híbridas altas es

a) solamente alta.

b) solamente baja.

c) alta y baja.

8. a) ¿Cuál es el carácter dominante? ______________

b) ¿Se presenta el carácter dominante en todos los descendientes? ______________

Mira la Figura F.

9. a) ¿Cuál de los caracteres es recesivo? ______________

b) ¿Siempre está escondido el carácter recesivo? ______________

c) ¿Cuántas plantas son altas? ______________

d) ¿Cuántas plantas son bajas? ______________

10. Completa las fracciones en estas oraciones.

Cuando cruzas los híbridos, el carácter dominante sale $\frac{\quad}{4}$ de las veces.

El carácter recesivo sale $\frac{\quad}{4}$ de las veces.

LOS CARACTERES DOMINANTES Y RECESIVOS EN LOS HUMANOS

¿Cuántos caracteres reconoces en ti mismo o ti misma?

Dominante	Recesivo
ojos castaños	ojos azules
pelo muy rizado	pelo ondulado
pelo ondulado	pelo liso
pecas	sin pecas
miopía	vista normal
pestañas largas	pestañas cortas
oídos grandes	oídos pequeños
mejillas con hoyuelos	sin hoyuelos

PARA PREDECIR LOS CARACTERES HUMANOS

Ahora, usa la información en la tabla de arriba para completar la tabla que sigue. Se ha hecho el primer ejemplo.

	Madre	Padre	Descendiente	¿Dominante o recesivo?	¿Híbrido o puro?
1.	vista normal	miópico	miópico	dominante	híbrido
2.	pelo liso	pelo liso			
3.	pestañas largas	pestañas cortas			
4.	sin pecas	sin pecas			
5.	sin hoyuelos	con hoyuelos			
6.	ojos azules	ojos castaños			
7.	oídos grandes	oídos grandes			
8.	pelo ondulado	pelo muy rizado			

Ahora, contesta estas preguntas.

9. ¿Cuántos descendientes de la tabla serán puros recesivos para un carácter? ________

10. ¿Por qué estarán presentes los genes recesivos? ______________________________

____

COMPLETA LA ORACIÓN

Completa cada oración con una palabra o una frase de la lista de abajo. Escribe tus respuestas en los espacios en blanco. Algunas palabras pueden usarse más de una vez.

híbrido	Gregor Mendel	dominante(s)
recesivo(s)	genes	puro
plantas de guisantes	son iguales	los dos

1. Un pionero en el estudio de la herencia fue ________________ .

2. Mendel estudió la herencia al experimentar con ________________.

3. Los ________________ controlan los caracteres.

4. En los organismos que se reproducen sexualmente, cada carácter tiene genes de ________________ padres.

5. El "más fuerte" de los dos caracteres que están presentes en un organismo es el carácter ________________ .

6. El "más débil" de los dos caracteres es el carácter ________________ .

7. Ningún organismo tiene todos los genes ________________ ni todos los genes ________________ .

8. Un organismo que tiene los mismos genes para un carácter es ________________ para ese carácter.

9. Un organismo que no tiene los mismos genes para un carácter es ________________ ese carácter.

10. Un descendiente definitivamente va a heredar un carácter si los dos genes para ese carácter ________________.

HACER CORRESPONDENCIAS

Empareja cada término de la Columna A con su descripción en la Columna B. Escribe la letra correcta en el espacio en blanco.

	Columna A	Columna B
________	**1.** el carácter dominante	**a)** tiene genes mezclados para un carácter específico
________	**2.** el carácter recesivo	**b)** está presente en la progenie
________	**3.** la línea pura	**c)** carácter dominante en las plantas de guisantes
________	**4.** un híbrido	**d)** tiene dos genes iguales para un carácter específico
________	**5.** la altura	**e)** puede quedarse "escondido"

¿Cómo podemos hacer predicciones de la herencia?

4

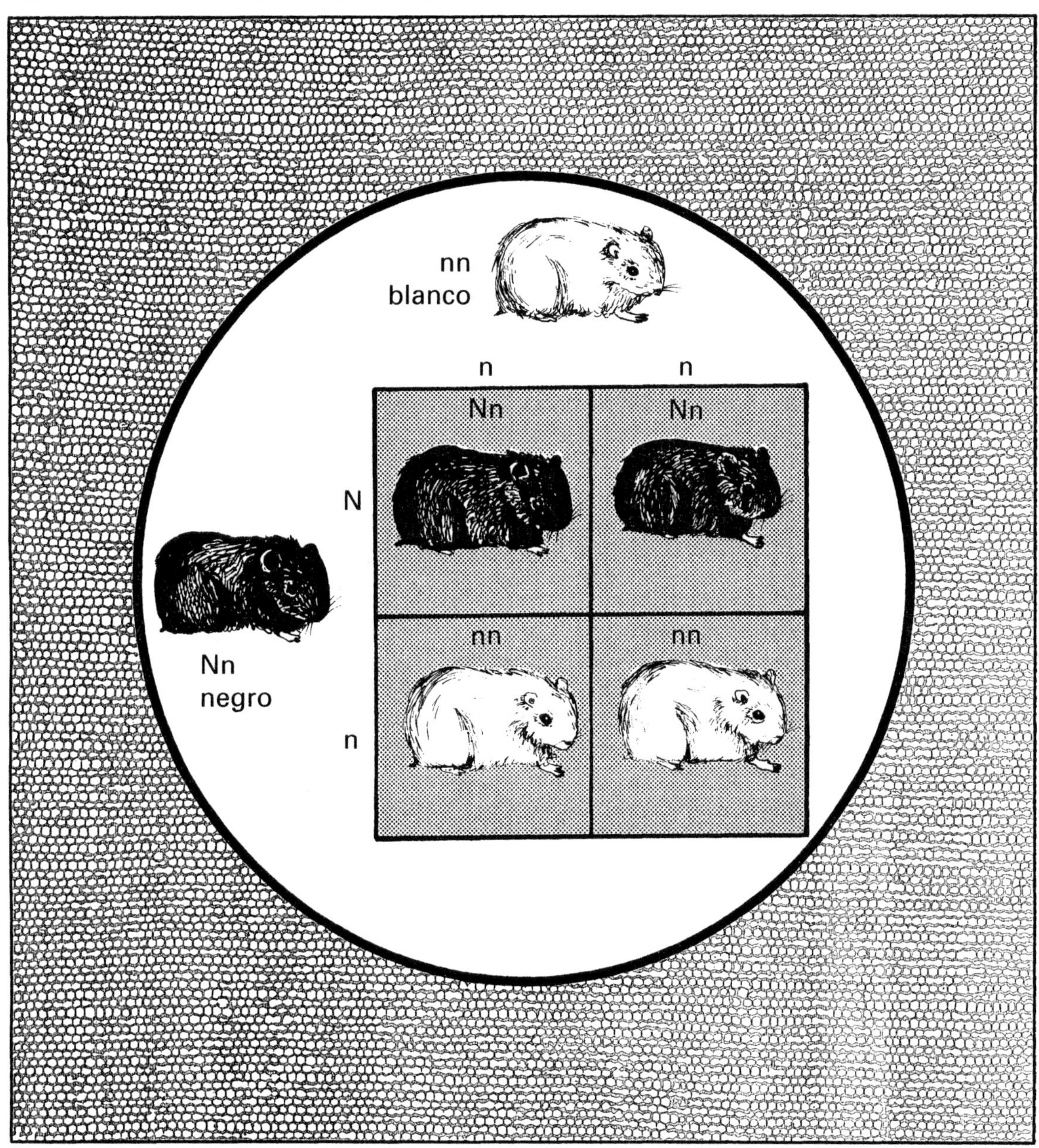

matriz de Punnett: tabla que se usa para mostrar las posibles combinaciones de los genes

LECCIÓN 4 ¿Cómo podemos hacer predicciones de la herencia?

Te presentamos al Sr. López y a la Sra. de López:

TOMÁS y SUSANA

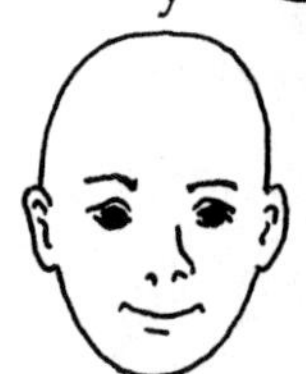

Tomás tiene dos de los mismos genes para el color del pelo. Es puro para el pelo oscuro.

Susana tiene un gene dominante para el pelo oscuro y un gene recesivo para el pelo rubio. Ella es híbrida.

¿Cómo podemos hacer predicciones del color del pelo que tendrán sus hijos? ¡Es fácil! Podemos usar una tabla especial que se llama una **matriz de Punnett**. Una matriz de Punnett es una tabla que se usa para mostrar las posibles combinaciones de los genes. Los pasos que siguen te enseñan cómo usar una matriz de Punnett.

1. Dibuja un cuadrado que tiene cuatro casillas por dentro.

2. Escribe los genes del padre encima de la tabla en la parte de arriba. Siempre se indica un gene dominante con una letra mayúscula. "O" representa el pelo oscuro. Los dos genes de Tomás para el pelo oscuro se representan con O.

gametos del hombre

gametos de la mujer	O	O
O		
o		

3. Escribe los genes de la madre a lo largo del lado izquierdo de la tabla. Un gene recesivo siempre se indica con una letra minúscula. Susana es híbrida oscura para el color del pelo. Un gene se indica con O. El otro gene es el gene recesivo para el pelo rubio. El símbolo para este gene es o.

4. Ahora, llena cada casilla con un gene del padre y un gene de la madre. Cada casilla ya muestra las diferentes combinaciones de genes que pueden resultar en sus descendientes.

	O	O
O	OO	OO
o	Oo	Oo

MÁS SOBRE LAS MATRICES DE PUNNETT

Observa de nuevo la matriz de Punnett de la página 22. ¿Qué nos indican las letras en las casillas?

- Las posibles combinaciones de genes son OO, OO, Oo y Oo.
- En cada combinación hay un gene dominante para el pelo oscuro.
- Entonces, todos los hijos de Tomás y de Susana tendrán el pelo oscuro.

Si Tomás y Susana tienen cuatro hijos, la matriz de Punnett nos indica que

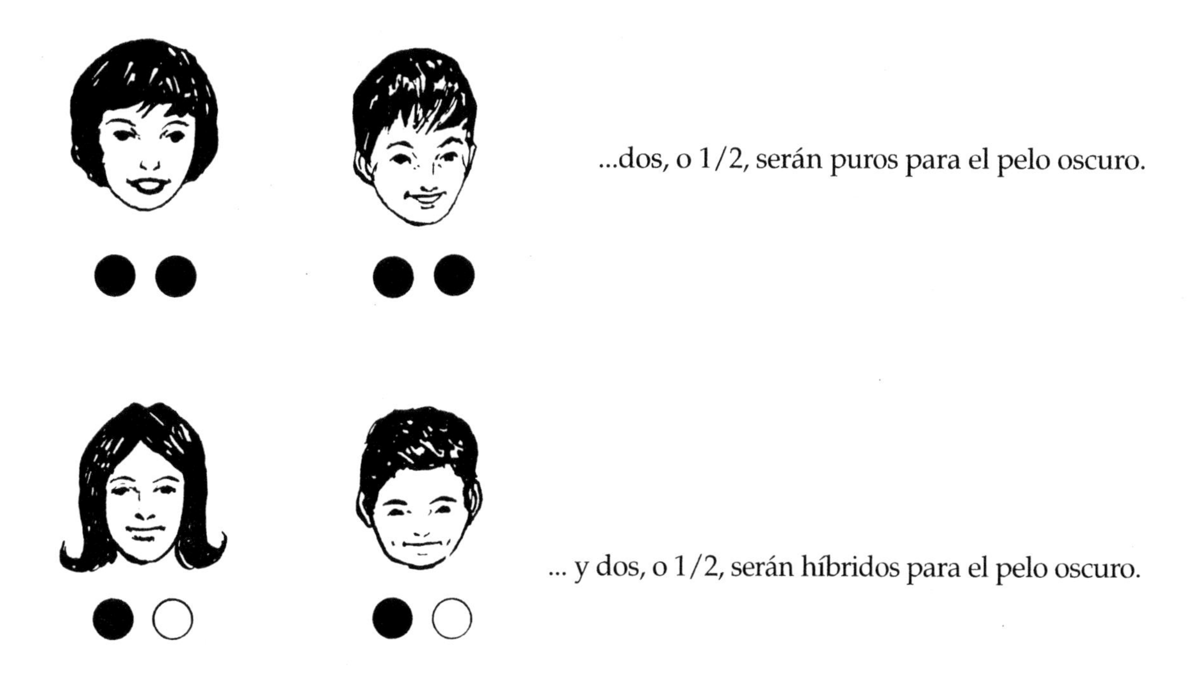

Recuerda, sólo hay dos posibilidades: puro oscuro e híbrido oscuro. Al ver a los hijos, no puedes saber cuáles de ellos son puros ni cuáles son híbridos para el pelo oscuro.

¿Qué combinaciones de genes tendrá un hijo? ¡Es cuestión de la suerte!

PARA HACER PREDICCIONES DE HERENCIA EN LAS PLANTAS DE GUISANTES

Cuando Mendel llevó a cabo sus experimentos con las plantas de guisantes, encontró que algunos guisantes tenían la piel lisa. Otros la tenían arrugada.

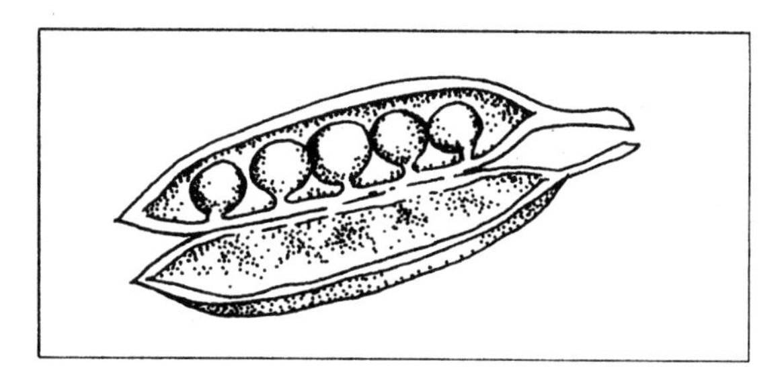

Figura A *Guisantes lisos son dominantes (L).*

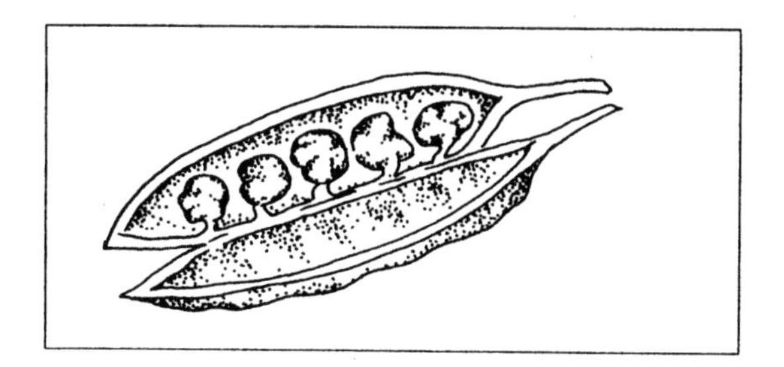

Figura B *Guisantes arrugados son recesivos (l).*

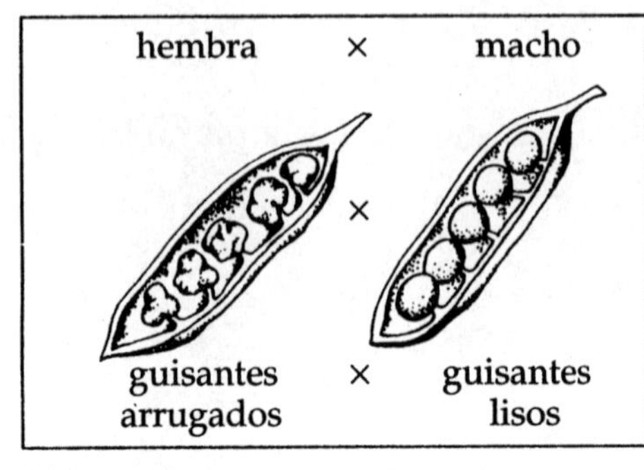

Figura C

Veamos lo que pasa cuando se cruza un guisante <u>puro liso</u> con uno <u>puro arrugado</u>.

1. Los genes dominantes lisos provienen

   ____________________.
   del macho, de la hembra

2. Los genes recesivos arrugados provienen

   ____________________.
   del macho, de la hembra

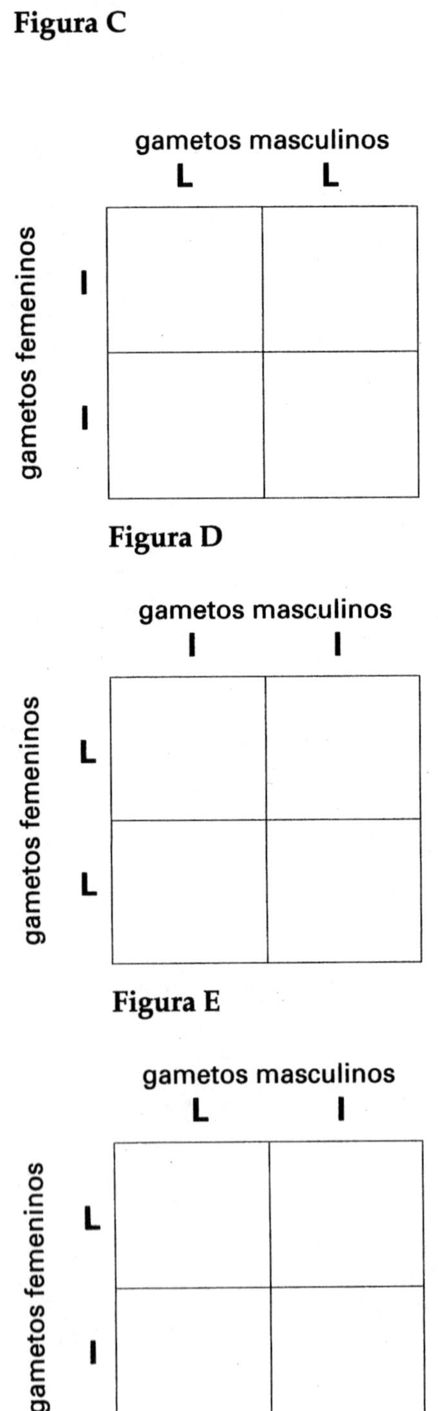

Figura D

Figura E

Figura F

3. Ahora, completa la matriz de Punnett de la Figura D.

4. ¿Qué tipo de piel tendrán todos los guisantes

   descendientes? ____________________
   lisa, arrugada

5. Todos los descendientes son ____________________.
   puros, híbridos

6. ¿Hay alguna diferencia si los genes dominantes (L) provienen de la hembra y los genes recesivos (l) provienen del macho? Pruébalo en la Figura E.

   Respuesta: ____________________ hay diferencia.
   Sí, No

Ahora, vamos a cruzar dos híbridos: Ll × Ll. Completa la Figura F.

7. ¿Cuántos descendientes serán lisos?

   ____

8. ¿Cuántos serán arrugados? ____________________

9. ¿Cuántos descendientes serán puros lisos?

   ____

10. ¿Cuántos serán híbridos lisos? ____________________

Figura G

José y Anita están casados. Esperan tener una familia. ¿Cómo serán sus hijos? Vamos a completar otras matrices de Punnett para averiguar la respuesta.

José es híbrido para el pelo rizado (Rr). Anita es pura para el pelo liso (rr).

R = rizado dominante
r = liso recesivo

José es híbrido para el pelo oscuro (Oo). Anita es pura para el pelo rubio (oo).

O = oscuro dominante
o = rubio recesivo

Tanto José como Anita son híbridos para los ojos castaños (Cc).

C = castaño dominante
c = azul recesivo

Completa la matriz de Punnett para cada carácter. Luego, contesta las preguntas.

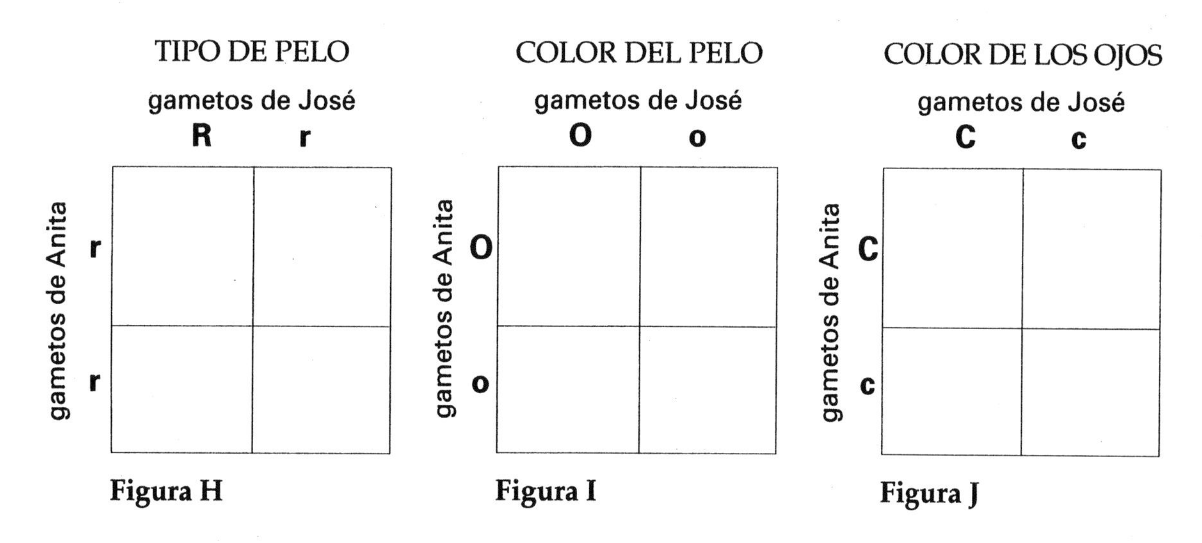

Figura H Figura I Figura J

1. ¿Cuántos descendientes tendrán el pelo rizado? ______________________
2. ¿Cuántos descendientes tendrán el pelo liso? ______________________
3. ¿Cuántos descendientes serán puros para el pelo rizado? ______________________
4. ¿Cuántos descendientes serán puros para el pelo liso? ______________________

5. ¿Cuántos serán híbridos para el pelo rizado? ______

6. ¿Cuántos descendientes tendrán el pelo oscuro? ______

7. ¿Cuántos descendientes tendrán el pelo rubio? ______

8. ¿Cuántos descendientes serán puros para el pelo oscuro? ______

9. ¿Cuántos serán puros para el pelo rubio? ______

10. ¿Cuántos serán híbridos para el pelo oscuro? ______

11. ¿Cuántos descendientes tendrán los ojos castaños? ______

12. ¿Cuántos descendientes tendrán los ojos azules? ______

13. ¿Cuántos serán puros para los ojos castaños? ______

14. ¿Cuántos serán puros para los ojos azules? ______

15. ¿Cuántos serán híbridos para los ojos castaños? ______

HACER CORRESPONDENCIAS

Empareja cada término de la Columna A con su descripción en la Columna B. Escribe la letra correcta en el espacio en blanco.

	Columna A	Columna B
______	**1.** la matriz de Punnett	**a)** indicado con letra minúscula
______	**2.** el gene dominante	**b)** gametos masculinos
______	**3.** células del óvulo	**c)** indicado con letra mayúscula
______	**4.** células del espermatozoide	**d)** gametos femeninos
______	**5.** el gene recesivo	**e)** se usa para mostrar las combinaciones de genes

¿Qué es el predominio incompleto?

5

mezcla: combinación de genes en que se presenta una mezcla de los dos caracteres
predominio incompleto: mezcla de caracteres llevados por dos o más genes diferentes

LECCIÓN 5 ¿Qué es el predominio incompleto?

En la mayoría de los juegos, hay un equipo más fuerte y un equipo más débil. Por lo general, el equipo más fuerte es el que gana. A veces los juegos terminan empatados. Esto quiere decir que los dos equipos tienen destrezas iguales.

De vez en cuando así es la herencia. La mayoría de los caracteres tienen un gene más fuerte y dominante y un gene más débil y recesivo. Por lo general el gene dominante es el que "gana". El carácter dominante es el que se transmite a la progenie. El carácter recesivo se queda "escondido".

Sin embargo, no todos los genes son completamente dominantes ni completamente recesivos. Los genes de ciertos caracteres son igualmente fuertes. Ni un carácter ni el otro es el dominante. Decimos que existe el **predominio incompleto**. En los casos del predominio incompleto, los genes se combinan y el resultado es una mezcla de los dos caracteres. Esta clase de combinación de genes se llama **mezcla**.

Tres ejemplos muy buenos del predominio incompleto se encuentran en los colores de las flores dondiego de noche, los del ganado vacuno de cuernos cortos y los de las gallinas andaluzas.

Flores dondiego de noche Las flores dondiego de noche generalmente son rojas o blancas. Los colores de rojo y blanco son caracteres que son igualmente fuertes. Ni uno ni el otro es dominante. Cuando un puro rojo (RR) se cruza con un puro blanco (BB), los colores se mezclan. La progenie tiene flores rosadas (RB).

Ganado vacuno de cuernos cortos En los ganados, si un padre es puro rojo (RR) y el otro es puro blanco (BB), la progenie será rosado, o sea, una mezcla de rojo y blanco (RB). El novillo "mezclado" es un novillo ruano.

Gallinas andaluzas Algunas de estas gallinas tienen genes para las plumas negras. Otras tienen genes para las plumas blancas. Ni uno ni el otro de estos genes es dominante. La progenie de las gallinas andaluzas de puro negro y de puro blanco es gris. El color gris es una mezcla de negro y blanco.

En muchos de los genes humanos también existe el predominio incompleto. Estos incluyen los genes para muchos de los colores del pelo, de la piel y de los ojos.

En las Figuras A, B y C se ven tres ejemplos del predominio incompleto.

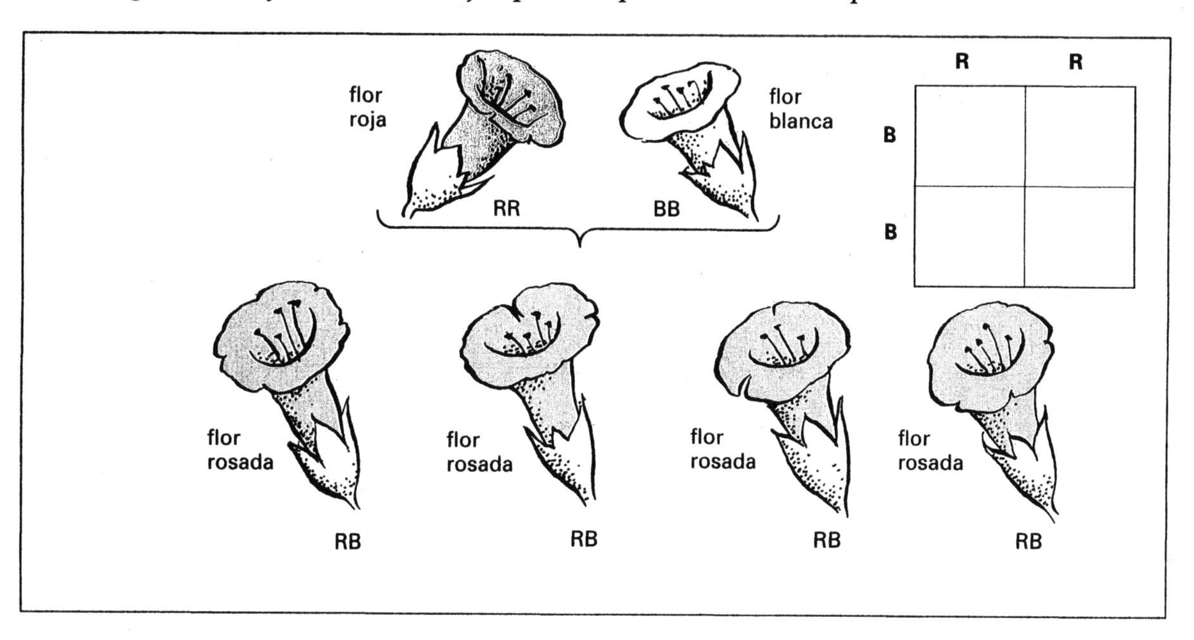

Figura A *El cruce de puro rojo (RR) y puro blanco (BB) de las flores dondiego de noche.*

1. Completa la matriz de Punnett de la Figura A.

_______ **2.** La progenie de las flores dondiego de noche cruzadas de puro rojo y puro blanco es

a) solamente roja. **b)** solamente blanca.

c) solamente rosada. **d)** tanto roja como blanca.

_______ **3.** En las flores dondiego de noche,

a) rojo es dominante sobre blanco. **b)** blanco es dominante sobre rojo.

c) ni rojo ni blanco es dominante. **d)** rosado es dominante sobre rojo.

4. ¿El color rosado resulta de una mezcla de qué dos colores?

_______ y _______

_______ **5.** Las flores dondiego de noche mezcladas tienen

a) sólo los genes para el color blanco. **b)** sólo los genes para el color rojo.

c) los genes tanto para rojo como para blanco. **d)** sólo los genes para rosado.

6. Las flores dondiego de noche mezcladas son _______________ .
puras, híbridas

7. Solamente al mirar la tabla de la Figura A, ¿cómo puedes saber que existe el predominio incompleto? _______________________________

____

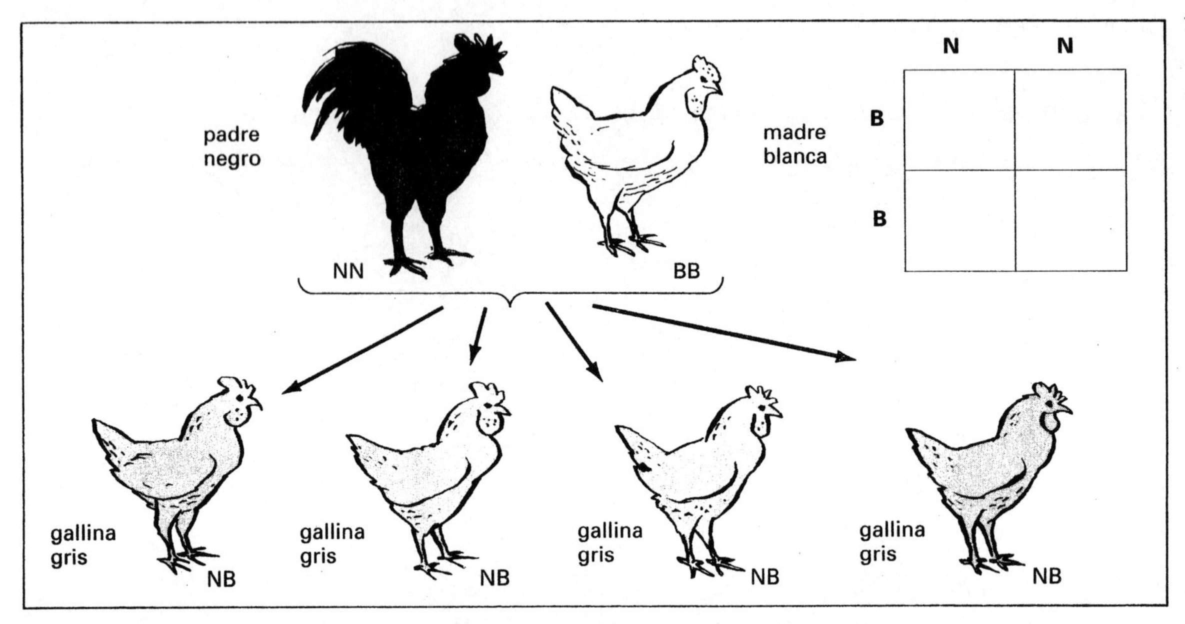

Figura B *El cruce de puro negro (NN) y puro blanco (BB) de las gallinas andaluzas.*

8. Completa la matriz de Punnett de la Figura B.

_______ 9. La progenie de las gallinas andaluzas cruzadas de puro negro y puro blanco es

   a) solamente blanca. **b)** solamente negra.

   c) una mezcla de negro y blanco. **d)** negra y blanca.

_______ 10. En las gallinas andaluzas,

   a) negro es dominante sobre blanco. **b)** blanco es dominante sobre negro.

   c) ni negro ni blanco es dominante. **d)** tanto el negro como el blanco es dominante.

11. ¿De qué color es la progenie de gallinas negras y blancas? _______________

12. ¿El color gris es una mezcla de qué dos colores? _______________

   y _______________

_______ 13. Las gallinas andaluzas mezcladas tienen

   a) sólo los genes para el color negro. **b)** sólo los genes para el color blanco.

   c) los genes tanto para negro como para blanco. **d)** sólo los genes para el color gris.

14. Las gallinas andaluzas mezcladas son _______________.

   puras, híbridas

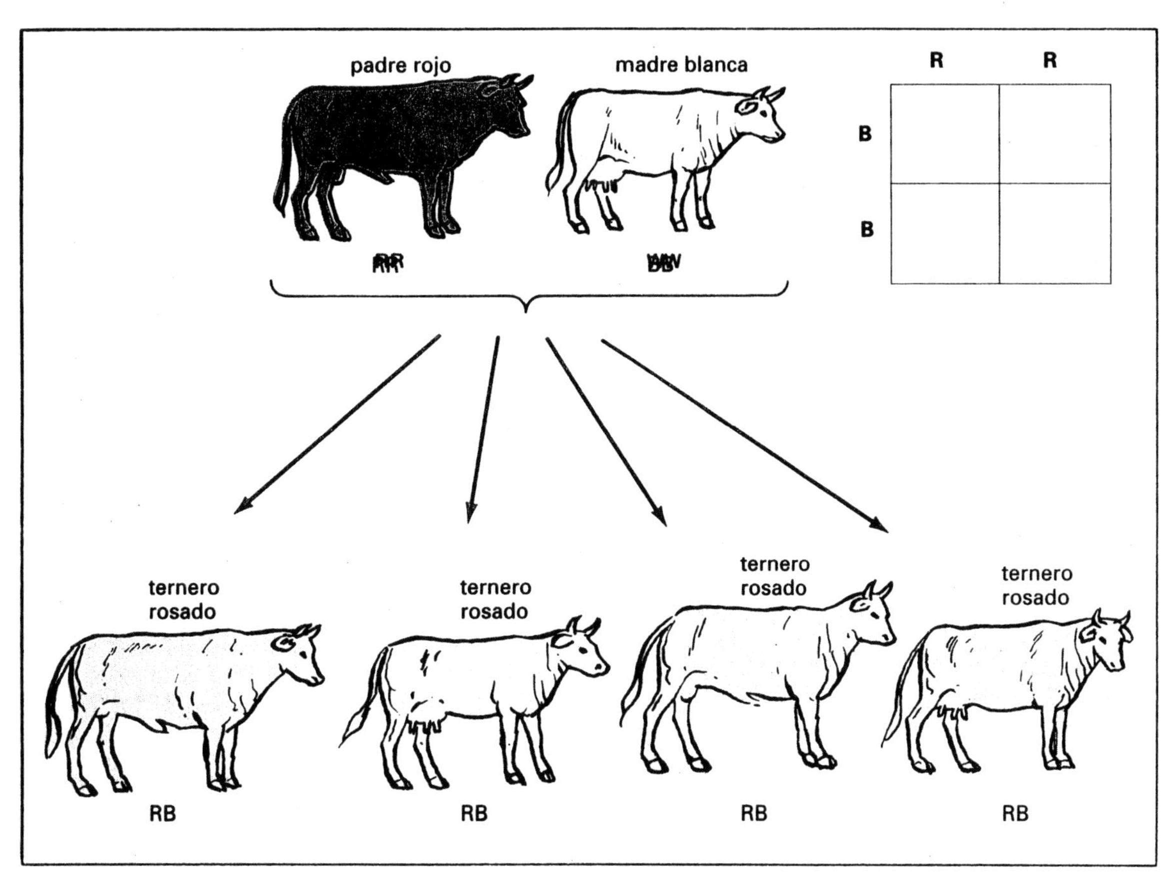

Figura C *El cruce de puro rojo (RR) y puro blanco (BB) de ganado vacuno de cuernos cortos.*

15. Completa la matriz de Punnett de la Figura C.

_______ **16.** La progenie de ganado vacuno de cuernos cortos mezclado de puro rojo y puro blanco es

a) solamente roja.
b) solamente blanca.
c) una mezcla de rojo y blanco.
d) roja y blanca.

_______ **17.** En el ganado vacuno de cuernos cortos,

a) rojo es dominante sobre blanco.
b) blanco es dominante sobre rojo.
c) existe el predominio incompleto de los colores rojo y blanco.
d) rosado es dominante sobre blanco.

18. ¿Cómo se refiere al ganado mezclado de rojo y blanco? _______________

_______ **19.** Los ruanos tienen

a) sólo los genes para el color blanco.
b) sólo los genes para el color rojo.
c) los genes tanto para blanco como para rojo.
d) sólo los genes para el color rosado.

20. Los ruanos son _______________ .
puros, híbridos

COMPLETA LA ORACIÓN

Completa cada oración con una palabra o una frase de la lista de abajo. Escribe tus respuestas en los espacios en blanco. Algunas palabras pueden usarse más de una vez.

mezcla	dominantes	predominio incompleto
ternero ruano	rojo	piel
recesivo	ojos	puro
blanco	flor dondiego de noche rosada	híbrido(s)
fuertes		

1. Un carácter "escondido" es un carácter ________________ .

2. No todos los genes son completamente recesivos ni completamente ________________ .

Algunos son igualmente ________________ .

3. Un individuo que tiene sólo los genes dominantes o sólo los recesivos para un carácter es ________________ para ese carácter.

4. Un individuo que tiene tanto los genes dominantes como los recesivos para un carácter es ________________ para ese carácter.

5. La condición en que los genes para un carácter determinado son igualmente fuertes es el ________________________________ .

6. Una combinación de genes en que se presenta una combinación de los dos caracteres en la progenie se llama ________________ .

7. Dos ejemplos de progenie del predominio incompleto son el ________________ y la ________________________________ .

8. En las flores dondiego de noche rosadas y en los terneros ruanos, ni el color ________________ ni el color ________________ es dominante.

9. El predominio incompleto resulta en progenie con genes ________________ para un carácter determinado.

10. Ejemplos del predominio incompleto en los seres humanos se encuentran en el color de la ________________ y de los ________________ .

HACER CORRESPONDENCIAS

Empareja cada término de la Columna A con su descripción en la Columna B. Escribe la letra correcta en el espacio en blanco.

	Columna A	Columna B
_______	**1.** RR	**a)** puro recesivo
_______	**2.** Rr	**b)** controlan la herencia
_______	**3.** rr	**c)** mezcla los caracteres
_______	**4.** el predominio incompleto	**d)** puro dominante
_______	**5.** los genes	**e)** híbrido

Completa la matriz de Punnett para el color de las plumas en las gallinas.

N = plumas negras

B = plumas blancas

NB = plumas grises

	B	B
N		
N		

1. En este cruce, ¿son puros o híbridos los padres? _______________

2. ¿De qué colores son los padres? _______________

3. ¿Será híbrida toda la progenie producida por este cruce? _______________

4. ¿De qué color será la progenie? _______________

5. ¿Por qué no se representa con letra minúscula ninguno de los genes de este cruce?

____

____

PALABRAS REVUELTAS

A continuación hay varias palabras revueltas que has usado en esta lección. Pon las letras en orden y escribe tus respuestas en los espacios en blanco.

1. ETOMANDIN _______________

2. VOCESERI _______________

3. ZECLAM _______________

4. RETÁCRAC _______________

5. DIRHÍBOS _______________

CIENCIA *EXTRA*

Hermanos de verdad

Cuando Jerry Levey y Mark Newman se veían por primera vez, se quedaron asombrados. Pero no les costó trabajo reconocerse porque eran gemelos idénticos que se habían criado por separados. Por casualidad fueron reunidos como adultos. Sus primeras conversaciones revelaron cuánto tenían en común. "Hacíamos los mismos comentarios al mismo tiempo y hacíamos los mismos gestos. Fue un tanto miedoso" —dijo Jerry. Ahora los científicos estudian a los gemelos idénticos que se han criado por separados para averiguar qué efecto han tenido los genes en sus personalidades.

¿Cómo estudian los científicos la genética de la personalidad? Un equipo investigador de la Universidad de Minnesota ha estudiado a centenares de parejas de gemelos, unos criados juntos, otros por separados. También estudia a los gemelos fraternos que se han criado juntos para comparar el efecto de la misma educación familiar sobre los hermanos.

Los científicos, encabezados por el Dr. Thomas Bouchard, toman medidas de 11 caracteres de la personalidad, como la impulsividad y las reacciones a la tensión. Hasta ahora, su análisis indica que los gemelos idénticos criados juntos y por separados se parecen mucho. Los gemelos idénticos criados juntos se difieren mucho de los gemelos fraternos criados juntos en cuanto a la capacidad hereditaria para los caracteres de personalidad.

Los gemelos idénticos son copias genéticas, uno del otro. Suceden los gemelos idénticos cuando el zigoto se parte antes de que ocurra la división celular. Estos gemelos se desarrollan del mismo óvulo y del mismo espermatozoide. Los gemelos fraternos, por otra parte, se desarrollan de dos óvulos distintos. Por término medio, los gemelos fraternos comparten como la mitad de sus genes.

Los científicos todavía no han explicado cómo los genes determinan la personalidad ni han identificado los genes específicos para los caracteres de personalidad. Estas preguntas las tienen que contestar en el futuro. Pero el estudio sí explica mucho sobre los gemelos criados por separados. Dijo Mark Newman: "Antes, solía pensar que algo me faltaba. Ahora está en su lugar".

¿Cómo se determina el sexo?

6

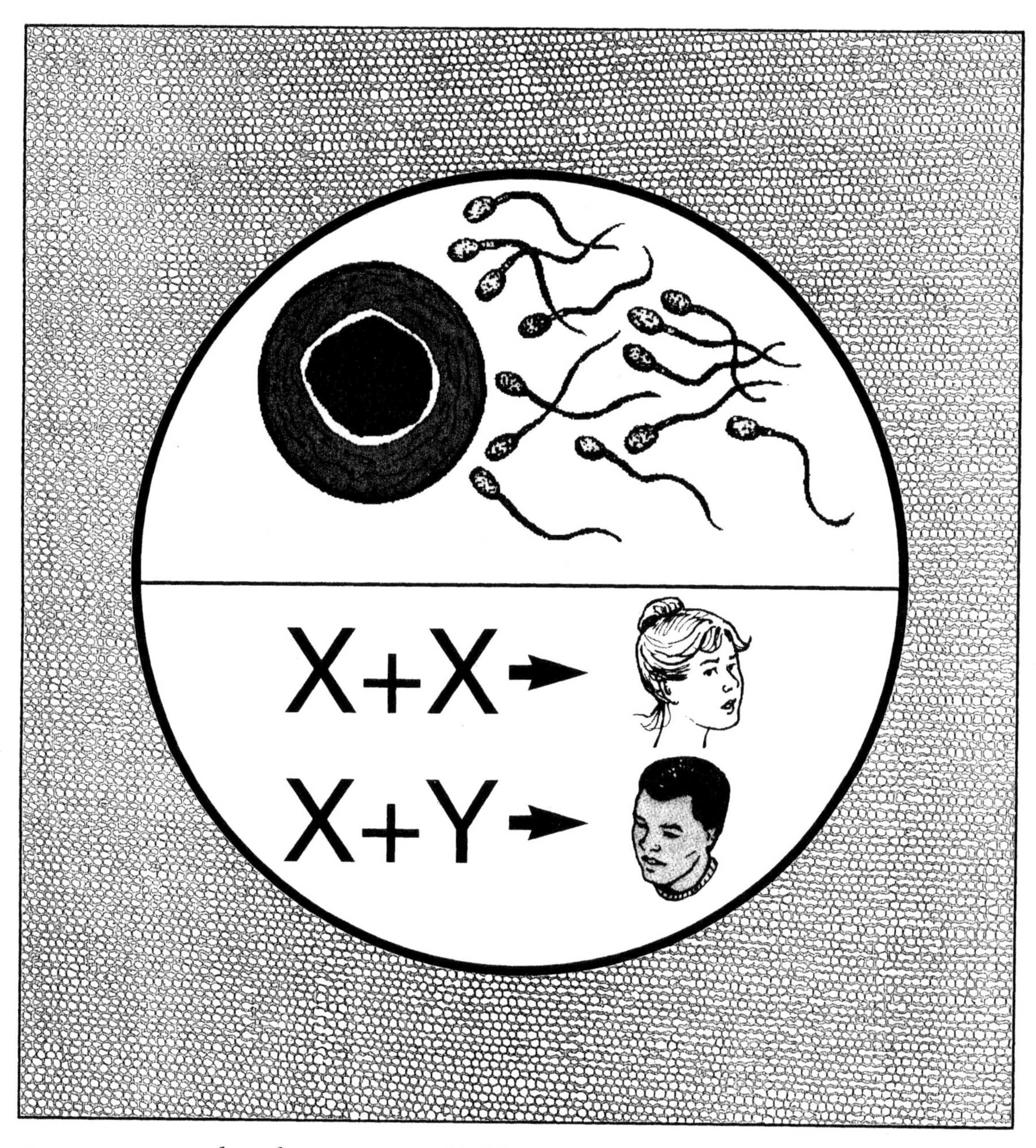

cromosomas sexuales: los cromosomas X e Y

LECCIÓN 6 | ¿Cómo se determina el sexo?

¿Será niño o niña un bebé? Todos los futuros padres hacen esta pregunta. Pues, las posibilidades son iguales: el 50 por ciento para un niño y el 50 por ciento para una niña. El resultado es cuestión de la suerte.

Una sola familia puede tener más niñas que niños o más niños que niñas. La población se constituye aproximadamente de números iguales: la mitad son machos y la mitad son hembras. Vamos a averiguar por qué es así.

Mira los 23 pares de cromosomas humanos que siguen.

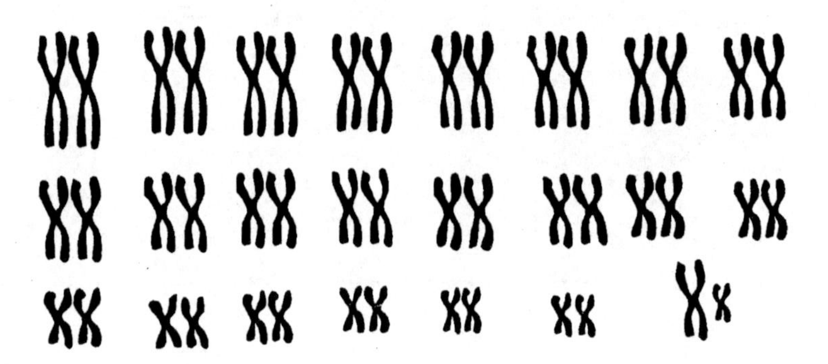

Los cromosomas de una célula corporal de un humano macho

Fíjate en cómo cada cromosoma de una pareja tiene el mismo tamaño y la misma forma, menos la última pareja. En el macho, los cromosomas de la última pareja son diferentes. El más grande es el cromosoma X. El más pequeño es el cromosoma Y. Los cromosomas X e Y son los **cromosomas sexuales**. Ellos determinan el sexo de la mayoría de los organismos.

- La célula del macho tiene un cromosoma X y un cromosoma Y (XY).
- La célula de la hembra tiene dos cromosomas X (XX).

¿Qué determina el sexo de la progenie? En la página siguiente está la historia. Vamos a tomar la mosca de la fruta como ejemplo.

CÓMO LOS GAMETOS DEL MACHO DETERMINAN EL SEXO

Una célula corporal de una mosca de la fruta tiene ocho cromosomas (cuatro pares). Dos de ellos (uno de los pares) son cromosomas sexuales. Ciertas células corporales especiales producen los gametos, es decir, las células sexuales, por el proceso de la meiosis. La meiosis es una clase especial de división celular.

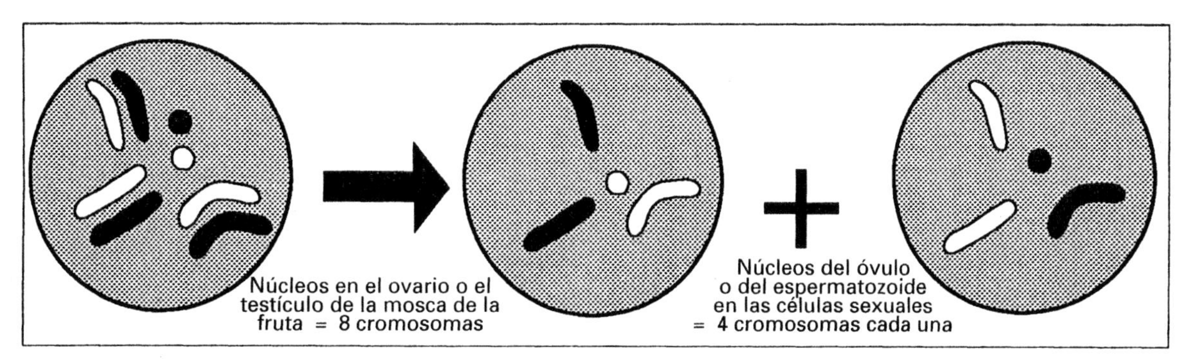

Figura A *Mosca de la fruta*

En el macho, la meiosis produce cuatro células de espermatozoide de una sola célula corporal. Durante la meiosis, cada célula de espermatozoide recibe solamente un cromosoma sexual de un par de cromosomas. En la hembra, la meiosis produce una célula de óvulo utilizable y tres células no utilizables de una célula corporal. Durante la meiosis, cada célula de óvulo recibe un cromosoma sexual de un par de cromosomas.

CÉLULAS DE ÓVULO Y DE ESPERMATOZOIDE EN LAS MOSCAS DE LA FRUTA

Los cromosomas de los gametos no están en parejas. Son cromosomas simples. Un gameto, entonces, tiene la mitad del número de los cromosomas que una célula corporal. Cuéntalos.

Mira el cromosoma sexual de cada gameto.

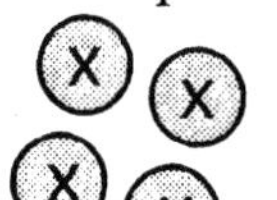

- Un óvulo sólo tiene un cromosoma X.
- Un espermatozoide puede tener un cromosoma X o uno Y; el 50 por ciento tiene el X y el otro 50 por ciento tiene el Y.

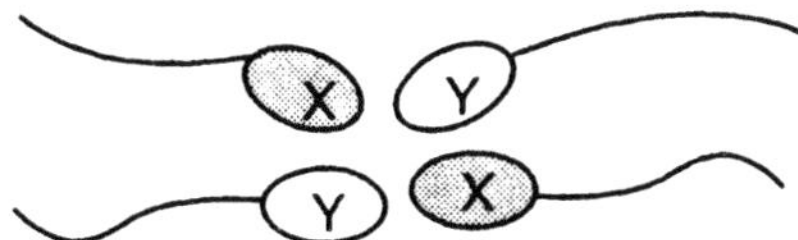

Ahora, aquí juega la suerte.

- Si un espermatozoide X fecunda un óvulo (X + X), la progenie será hembra (XX).
- Si un espermatozoide Y fecunda un óvulo (Y + X), la progenie será macho (XY).

Como resultado, la progenie hereda el sexo del padre. Puesto que la mitad de los espermatozoides llevan el cromosoma X, y la otra mitad el cromosoma Y, la mitad de las crías serán hembras y la otra mitad serán machos, si se tiene en cuenta un gran número de nacimientos.

¿Macho o hembra? Las posibilidades son de 50-50. Compruébalo en la Figura B.

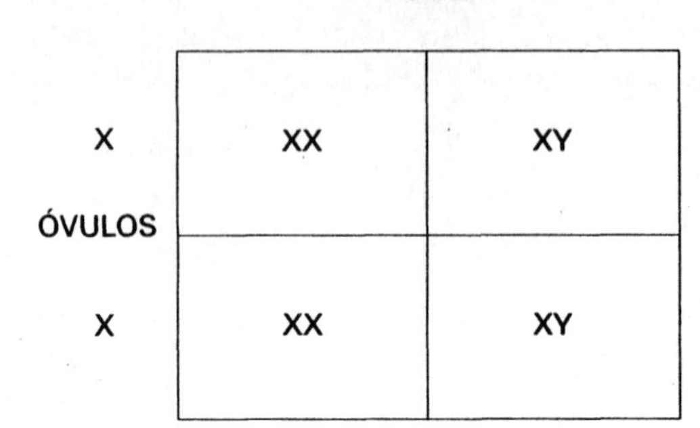

XX = hembra — el 50 por ciento
XY = macho — el 50 por ciento

Figura B

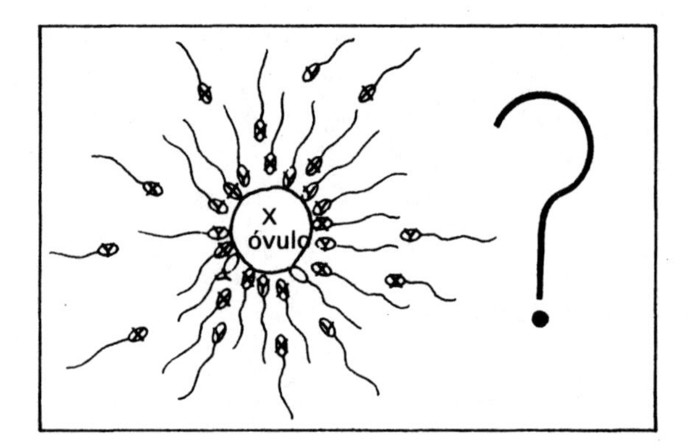

Figura C

Los espermatozoides tienen colas y pueden nadar. Millones de espermatozoides pueden nadar hacia el mismo óvulo, pero sólo uno lo puede fecundar.

¿Será un espermatozoide X o uno Y? ¡Es cuestión de la suerte!

1. Si un espermatozoide X fecunda el óvulo, la cría será ______________.
   macho, hembra

2. Si un espermatozoide Y fecunda el óvulo, la cría será ______________.
   macho, hembra

Estudia con detalle los cromosomas humanos que siguen. Luego, en los espacios en blanco, escribe si el bebé con estos cromosomas es niño o niña.

Figura D

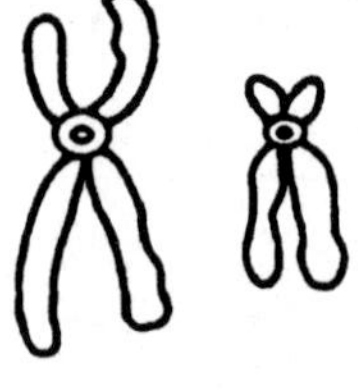

Figura E

3. ______________

4. ______________

5. Explica tus respuestas. ____

____

COMPLETA LA ORACIÓN

Completa cada oración con una palabra o una frase de la lista de abajo. Escribe tus respuestas en los espacios en blanco. Algunas palabras pueden usarse más de una vez.

suerte	X	gametos
hembra	mitad	50-50
Y	macho	

1. Hay dos clases de cromosomas sexuales. Son el _______ y el _______ .

2. Una célula corporal femenina sólo tiene los cromosomas sexuales _______ .

3. Una célula corporal masculina tiene los cromosomas sexuales _______ e _______ .

4. La meiosis produce los ____________ .

5. Un gameto tiene la ________ del número de los cromosomas que se encuentran en una célula corporal.

6. Los óvulos sólo tienen los cromosomas sexuales ________ .

7. Los espermatozoides tienen los cromosomas sexuales ________ o los cromosomas sexuales ________ .

8. ¿Cuál fecundará un óvulo, un espermatozoide X o un espermatozoide Y? Es cuestión de la __________ . Las posibilidades son __________ .

9. La fecundación de un óvulo por un espermatozoide X resulta en una cría ________ .

10. La fecundación de un óvulo por un espermatozoide Y resulta en una cría ________ .

HACER CORRESPONDENCIAS

Empareja cada término de la Columna A con su descripción en la Columna B. Escribe la letra correcta en el espacio en blanco.

	Columna A	Columna B
________	**1.** los cromosomas X e Y	**a)** XY
________	**2.** macho	**b)** cromosomas sexuales
________	**3.** la meiosis	**c)** XX
________	**4.** el espermatozoide	**d)** división celular especial
________	**5.** hembra	**e)** gameto masculino

CIERTO O FALSO

En el espacio en blanco, escribe "Cierto" si la oración es cierta. Escribe "Falso" si la oración es falsa.

_________ **1.** Los cromosomas de una célula corporal están en parejas.

_________ **2.** Los cromosomas de un gameto están en parejas.

_________ **3.** Un óvulo sólo tiene un cromosoma sexual Y.

_________ **4.** Un espermatozoide puede tener un cromosoma sexual X o Y.

_________ **5.** Un cromosoma X se ve igual que un cromosoma Y.

_________ **6.** Muchos espermatozoides fecundan un óvulo.

_________ **7.** La fecundación por un espermatozoide X resulta en una hembra.

_________ **8.** La fecundación por un espermatozoide Y resulta en un macho.

_________ **9.** Los seres humanos tienen 23 pares de cromosomas.

_________ **10.** Nace aproximadamente el mismo número de organismos masculinos y femeninos.

¿CARA O CRUZ?

Echa una moneda al aire 100 veces. Cuenta las veces que resulta en cara y las que resulta en cruz.

1. ¿Cuántas veces te salió en cara? _________________________

2. ¿Cuántas veces te salió en cruz? _________________________

3. ¿Resulta en casi 50-50? _________________________

4. ¿Es echar una moneda un juego de la suerte? _________________________

5. ¿De qué otro suceso de la suerte aprendiste en esta lección? _________________________

____

____

¿Cómo influye el medio ambiente en los caracteres?

7

LECCIÓN 7 | ¿Cómo influye el medio ambiente en los caracteres?

¿Qué te hace tal como eres? ¿Los genes? ¡Claro que sí! Los genes controlan muchos de tus caracteres. Pero los genes no trabajan por sí solos. El medio ambiente también influye en los caracteres de los seres vivos.

El medio ambiente consiste en todas las cosas vivas y no vivas que rodean un organismo. El aire, el agua, la temperatura y los alimentos forman parte del medio ambiente. Se necesita la combinación propicia de estas cosas para que un organismo se desenvuelva bien. Cuando el medio ambiente no está propicia para un organismo, puede resultar que ciertos caracteres no se desarrollen.

Las plantas verdes, por ejemplo, necesitan un medio ambiente con la luz del sol, la temperatura, el agua y los minerales propicios para que crezcan bien. En un medio ambiente no propicio, pueden llegar a ser pequeñas, débiles y pálidas. El tamaño de una planta es un carácter. El medio ambiente no influye en el gene para este carácter, pero sí influye en el desarrollo de este carácter.

Imagínate que una persona tiene los genes para llegar a ser muy alta. Una mala dieta puede impedir el desarrollo completo.

La dieta forma sólo una parte de tu medio ambiente. Hay muchas otras cosas que forman el medio ambiente. ¿Puedes nombrar algunos que no se han mencionado?

No podemos cambiar nuestros genes. Pero, al contrario, sí podemos cambiar algunas partes del medio ambiente en que vivimos. La alimentación, el descanso y el buen ejercicio ayudan a que se desarrollen completamente los caracteres con que nacimos.

Los caracteres necesitan un ambiente propicio para desarrollarse bien.

Figura A

Figura B

1. ¿En cuál de las figuras se ve una planta que creció en un medio ambiente bueno? ______
2. ¿Cómo lo sabes? ______

______

3. ¿En cuál de las figuras se ve una planta que creció en un medio ambiente malo? ______
4. ¿Cómo lo sabes? ______

______

Estas dos ratas nacieron de la misma camada. La una se alimentó de una dieta mala; la otra se alimentó de una dieta rica en nutrimentos.

Figura C

Figura D

5. ¿Es la dieta parte del medio ambiente de un ser vivo? ______
6. ¿Qué figura muestra la rata que tenía una mala dieta? ______
7. ¿Cómo lo sabes? ______
8. ¿Qué figura muestra la rata que tenía una buena dieta? ______

9. ¿Cómo lo sabes? ____

____

10. En tus propias palabras, ¿qué quiere decir el medio ambiente? ____________

____

____

¿SON HEREDITARIOS TODOS LOS CARACTERES?

Muchos caracteres no son hereditarios. Estos caracteres se llaman caracteres adquiridos.

A continuación hay algunos ejemplos de caracteres adquiridos.

Figura E *El ejercicio ayuda a algunas personas hablar a desarrollar músculos fuertes.*

Figura F *Algunas personas aprenden a muchos idiomas.*

Figura G *Se les cortan el rabo a algunos perros cuando nacen.*

Figura H *Los árboles situados cerca de los picos de las montañas no crecen muy altos parcialmente debido a las temperaturas bajas.*

¿QUÉ CREES?

¿Se pueden transmitir los caracteres adquiridos a los descendientes? En otras palabras, ¿son hereditarios los caracteres adquiridos? Contesta esta pregunta por tu propia cuenta.

1. Si los padres hacen más fuertes los músculos con el ejercicio, ¿van a heredar músculos fuertes sus hijos? ______________________
   sí, no
2. Imagínate que has aprendido otro idioma, ¿nacerán tus hijos con esta habilidad?
   ____
   sí, no
3. Imagínate que el perro de la Figura G tiene cachorros. ¿Nacerán ellos sin rabo? ________
4. Conclusión: Los caracteres adquiridos ______________________ son hereditarios.
   sí, no
5. ¿Qué tipo de carácter es hereditario? ______________________

COMPLETA LA ORACIÓN

Completa cada oración con una palabra o una frase de la lista de abajo. Escribe tus respuestas en los espacios en blanco. Algunas palabras pueden usarse más de una vez.

vivas	caracteres	hereditarios
adquiridos	no vivas	medio ambiente
genes	bueno	

1. Las características de un individuo son sus ______________________ .
2. Los caracteres hereditarios se transmiten a los descendientes por los ______________________ .
3. Algunos caracteres se desarrollan bien sólo en un ______________________ propicio.
4. El medio ambiente incluye todas las cosas ______________________ y ______________________ que rodean un organismo.
5. Los caracteres que no se pueden heredar son los caracteres ______________________ .
6. Los caracteres adquiridos no son ______________________ .
7. Los caracteres se desarrollan mejor en un medio ambiente ______________________ .
8. No podemos cambiar nuestros ______________________ .
9. Los caracteres que no se transmiten por los genes son caracteres ______________________ .
10. El aire, el agua, la alimentación y la temperatura forman parte del ______________________ .

HACER CORRESPONDENCIAS

Empareja cada término de la Columna A con su descripción en la Columna B. Escribe la letra correcta en el espacio en blanco.

	Columna A	Columna B
________	**1.** los caracteres adquiridos	**a)** no heredados
________	**2.** el medio ambiente	**b)** genes
________	**3.** el medio ambiente propicio	**c)** todo lo que rodea un individuo
________	**4.** los portadores de caracteres hereditarios	**d)** lo mejor para el desarrollo de los caracteres
________	**5.** un carácter	**e)** cualquier característica de un ser vivo

CIERTO O FALSO

En el espacio en blanco, escribe "Cierto" si la oración es cierta. Escribe "Falso" si la oración es falsa.

________ **1.** Los genes transmiten todos los caracteres.

________ **2.** Cada carácter es hereditario.

________ **3.** Un carácter no transmitido por los genes es un carácter adquirido.

________ **4.** Los descendientes heredan los caracteres adquiridos de sus padres.

________ **5.** El medio ambiente influye en cómo se desarrollan los caracteres.

________ **6.** Los caracteres se desarrollan mejor en un medio ambiente no propicio.

________ **7.** Podemos controlar parte de nuestro medio ambiente.

________ **8.** Puedes heredar los genes para músculos fuertes.

________ **9.** El ejercicio puede hacer que los músculos fuertes se hagan aún más fuertes.

________ **10.** Los músculos "superfuertes" que se desarrollaron con el ejercicio se pueden heredar.

¿Cuáles son algunos métodos para criar plantas y animales?

cría controlada: apareamiento de organismos para engendrar progenie con ciertos caracteres
hibridación: apareamiento de dos tipos diferentes de organismos
procreación en consanguinidad: apareamiento de organismos dentro de la misma familia consanguínea
selección en masa: cruce de organismos con caracteres deseables

LECCIÓN 8 ¿Cuáles son algunos métodos para criar plantas y animales?

Probablemente has comido una mazorca de maíz. ¿Has comido alguna vez una mazorca de maíz que sólo tiene un pulgar de largo? Es posible que sí, pero generalmente se considera el maíz como una verdura de tamaño grande.

Hace miles de años sólo había las mazorcas pequeñas de maíz. Sin embargo, la gente indígena de la América del Sur y de la Central lo cambiaron. Se dieron cuenta de que, en la naturaleza, algunas mazorcas de maíz eran más grandes que otras. Por eso, ellos cruzaron las plantas que producían las mazorcas más grandes. Encontraron que era probable que la progenie tuviera mazorcas grandes también. Por muchos años, los indígenas seleccionaron para la reproducción sólo las semillas de las mazorcas más grandes. Como un resultado, el tamaño de las mazorcas de maíz se aumentaba mucho. Una nueva variedad de planta se había desarrollado.

El apareamiento de plantas y de animales para producir ciertos caracteres deseables se llama la **cría controlada.** Las personas criaban animales y plantas por mucho tiempo antes de que supieran de los cromosomas y los genes. Ahora sabemos mucho más sobre la genética. Usamos estos conocimientos para producir organismos que son muy útiles a las personas.

La cría ayuda a proporcionar alimentos a la población hambrienta del mundo. Las plantas se pueden cultivar o criar para que produzcan cosechas mejores y más abundantes. Se pueden criar los animales para producir carne, leche y lana mejores y en más abundancia.

La cría también satisface necesidades especiales. Por ejemplo, a través de la cría, se han producido flores gigantescas de colores extraordinarios. Ahora tenemos caballos de carrera más veloces. Aun se han criado los perros para hacer labores especiales, por ejemplo, para protegernos y para guiar a la gente ciega.

A veces los científicos crían las plantas y los animales en sus laboratorios. Allí pueden estudiar los cromosomas con microscopios muy potentes. Estos experimentos los han llevado a muchos descubrimientos. Como resultado de estos descubrimientos, los científicos ahora pueden descubrir y controlar ciertas enfermedades. Nuestros conocimientos de cómo se transmiten los caracteres han aumentado bastante desde la época de Mendel.

En las Figuras de A a D, se ven los métodos de la cría controlada. Examina cada figura y contesta las preguntas.

Figura A *La selección en masa*

Para cultivar maíz de mazorcas grandes, los indígenas de la América Central y del Sur usaban un método para la cría controlada. Cruzaban plantas con buenos caracteres y luego recolectaron y sembraron esas semillas por muchas generaciones de plantas.

Hoy en día, este método se llama la **selección en masa.**

1. ¿Cuál es el propósito de la selección en masa? ______________________

____

____

Figura B *La procreación en consanguinidad*

Otro método de la cría es la **procreación en consanguinidad**. Se aparean organismos dentro de la misma familia consanguínea.

Se usa este método para mantener puros algunos tipos de animales. Por ejemplo, los caballos de carrera de sangre pura se crían para la velocidad.

2. La procreación en consanguinidad produce organismos con genes muy

______________________.
similares, diferentes

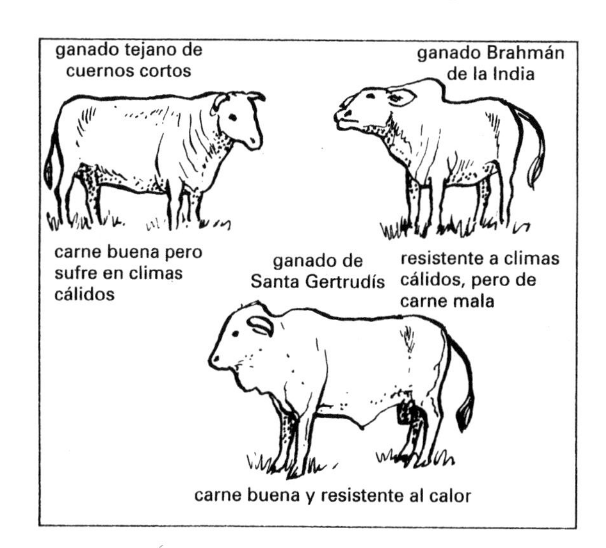

Figura C *El cruce*

A veces se aparean las razas de animales relacionadas, pero distintas. Así se combinan los caracteres deseables.

3. ¿De qué clima crees que proviene el ganado Brahmán de la India?

____

4. a) Si fueras ranchero de Texas, ¿cuál de las razas de ganado te gustaría tener?

____

b) ¿Por qué? ______________________

____

Figura D *La hibridación*

A veces se aparean dos especies de plantas o de animales. Este método se llama la **hibridación**. También puede combinar caracteres deseables. Sin embargo, la progenie es estéril por lo general. No puede reproducirse.

5. ¿Pueden reproducirse los mulos?

____

Figura E

La cría controlada de animales y plantas ayuda a aumentar la producción de alimentos.

6. ¿Por qué es importante la mayor producción de alimentos a las poblaciones del mundo?

____

____

____

____

La cría mejora la calidad y nos da plantas y animales con caracteres especiales.

Figura F

7. ¿Crees que todos los alimentos que comes son iguales a los que comieron las personas hace cien años? _______________

LA CRÍA DE PLANTAS Y DE ANIMALES

Decide cuáles de las oraciones se refieren a la selección en masa (S), la procreación en consanguinidad (P) o la hibridación (H). Escribe la letra correcta para cada oración en el espacio en blanco.

_________ **1.** El cruce de organismos dentro de la misma línea familiar

_________ **2.** La siembra de semillas que muestran caracteres deseables

_________ **3.** Los organismos que se usan son diferentes genéticamente

_________ **4.** El cruce de plantas con los caracteres deseados

_________ **5.** La polinización directa en las plantas

_________ **6.** La progenie de un león y una tigresa

_________ **7.** El cruce de plantas de trigo con las de centena

_________ **8.** Nuevas variedades de trigo se criaron para producir más proteína

_________ **9.** Tienen genes muy similares a los de los padres

_________ **10.** Un perro de raza pura

AHORA, INTENTA ÉSTAS

Lee los ejemplos. Completa la tabla al escribir las letras de los ejemplos en las columnas correctas.

Ejemplos

a. Un agricultor quiere tener semillas de maíz que resultarán en plantas altas con una cosecha abundante.

b. Una productora de semillas quiere desarrollar una variedad de maíz muy resistente a las sequías.

c. Un criador de perros quiere perros de raza pura.

d. La progenie de un asno y una yegua.

e. Una florista quiere rosas con pétalos grandes.

La cría controlada

	Método	Ejemplo
1.	Selección en masa	
2.	Procreación en consanguinidad	
3.	Hibridación	

CIERTO O FALSO

En el espacio en blanco, escribe "Cierto" si la oración es cierta. Escribe "Falso" si la oración es falsa.

_________ **1.** Cada acre de tierra de una granja produce una cosecha igual de abundante como las otras.

_________ **2.** Todas las vacas dan la misma cantidad de leche.

_________ **3.** La cría es la reproducción controlada.

_________ **4.** La cría ayuda a aumentar nuestro surtido de alimentos.

_________ **5.** Para la cría se seleccionan sólo los mejores animales para reproducirse.

_________ **6.** A través de la cría se transmiten los caracteres deseables.

_________ **7.** Todas las plantas de trigo son iguales.

_________ **8.** A través de la cría se pueden desarrollar animales más resistentes al calor.

_________ **9.** Los mulos son estériles.

_________ **10.** La procreación en consanguinidad resulta en organismos que tienen genes muy diferentes.

HACER CORRESPONDENCIAS

Empareja cada término de la Columna A con su descripción en la Columna B. Escribe la letra correcta en el espacio en blanco.

	Columna A	Columna B
_________	**1.** la cría controlada	**a)** apareamiento sólo de organismos de la misma familia consanguínea
_________	**2.** la procreación en consanguinidad	**b)** apareamiento de razas relacionadas pero diferentes
_________	**3.** la selección en masa	**c)** métodos para producir organismos con caracteres deseables
_________	**4.** el cruce	**d)** apareamiento de diferentes especies de animales
_________	**5.** la hibridación	**e)** usada para desarrollar nuevas variedades de plantas

AMPLÍA TUS CONOCIMIENTOS

La procreación en consanguinidad produce organismos que son muy similares genéticamente. Tienen muy pocas diferencias genéticas. ¿Por qué crees que esto creará problemas para una especie? ____

____

¿Qué es la ingeniería genética?

9

clonaje: producción de organismos que tienen genes iguales
empalme de genes: traslado de una sección de A.D.N. de los genes de un organismo a los genes de otro organismo
ingeniería genética: métodos que se usan para producir nuevas formas de A.D.N.

LECCIÓN 9 ¿Qué es la ingeniería genética?

¿Has visto alguna vez un "superratón"? El superratón no es un personaje de los dibujos animados. Es el apodo que se ha dado a un ratón producido por investigadores. El superratón tiene el doble del tamaño de un ratón normal. Es el resultado de una tecnología nueva que se llama la **ingeniería genética.** En la ingeniería genética, los científicos manipulan o trabajan con los genes individuales.

En la segunda lección, aprendiste que los genes consisten en una sustancia compleja que se llama la A.D.N. La ingeniería genética es un proceso por el cual se producen nuevas formas de A.D.N.

Un método de la ingeniería genética se llama el **empalme de genes.** El empalme de genes es el proceso por el cual pedazos de A.D.N., de los genes de un organismo, se trasladan a los de otro organismo.

El empalme de genes sucede en tres pasos. Examina las Figuras de A a D de la página siguiente a medida que lees sobre estos pasos.

1. Se abre una cadena de A.D.N.
2. Se le agregan o empalman los nuevos genes de otro organismo al A.D.N.
3. Se cierra la cadena de A.D.N.

Una vez que se hayan trasladado los genes, forman parte de los genes del organismo receptor. Como resultado, el carácter contenido en los genes se transmite a futuras generaciones.

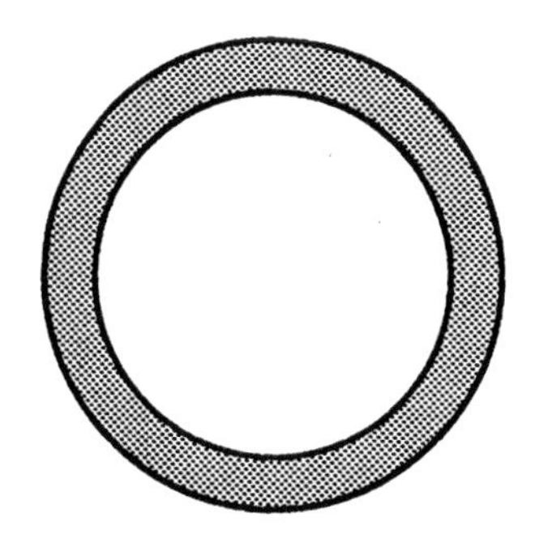

Un anillo de A.D.N.

Figura A

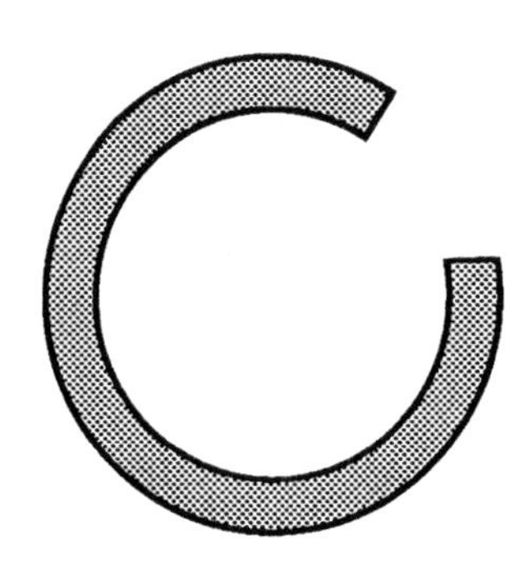

Se abre la cadena de A.D.N.

Figura B

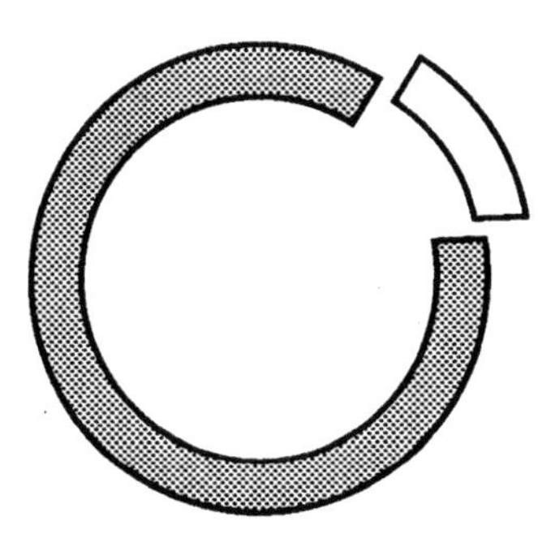

Un nuevo hilo de A.D.N., o sea, un gene, se coloca en el anillo del A.D.N.

Figura C

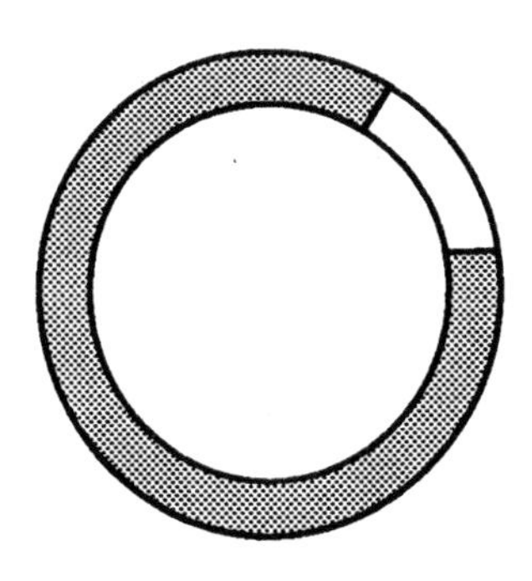

Se cierra la cadena de A.D.N.

Figura D

LOS BENEFICIOS DE LA INGENIERÍA GENÉTICA

Por medio de la ingeniería genética, los científicos han podido empalmar los genes humanos al A.D.N. de las bacterias. Las bacterias por consiguiente pueden producir sustancias que, de otra manera, sólo se producen en el cuerpo humano. Las siguientes son sustancias producidas por bacterias por medio de la ingeniería genética.

LA INSULINA Las personas que sufren de diabetes necesitan la insulina. La insulina controla la cantidad de azúcar en la sangre.

LA HORMONA PARA EL CRECIMIENTO HUMANO La hormona para el crecimiento humano controla el crecimiento. Se da a los niños cuyos cuerpos no producen suficientes cantidades de esta hormona para el crecimiento. Les ayuda a crecer debidamente.

EL INTERFERÓN El interferón ayuda al cuerpo a resistir las enfermedades. Los científicos lo usan en sus investigaciones del cáncer.

Los científicos también esperan que algún día se pueda usar la ingeniería genética para curar algunos trastornos genéticos. Es posible que puedan agregar genes normales a las células que contengan genes anormales o que les faltan un gene por completo.

CIERTO O FALSO

En el espacio en blanco, escribe "Cierto" si la oración es cierta. Escribe "Falso" si la oración es falsa.

________ **1.** Cuando se han trasladado los genes durante el empalme de genes, los nuevos genes llegan a ser parte de los genes del organismo receptor.

________ **2.** La ingeniería genética es una tecnología antigua.

________ **3.** La insulina controla el crecimiento.

________ **4.** Nuevas formas de A.D.N. se producen por medio de la ingeniería genética.

________ **5.** Los genes consisten en el A.D.N.

________ **6.** El interferón controla la cantidad de azúcar en la sangre.

________ **7.** Se abre una cadena de A.D.N. durante el empalme de genes.

________ **8.** Los cuerpos de algunos niños no producen suficientes hormonas de crecimiento.

________ **9.** El primer paso en el empalme de genes es cerrar una cadena de A.D.N.

________ **10.** Se usan las bacterias para la ingeniería genética.

Los científicos tienen otros métodos para cambiar los genes de organismos además de la ingeniería genética. ¿Has comido alguna vez una naranja sin semillas? Las naranjas sin semillas se producen por el **clonaje.** El clonaje es la producción de organismos que tienen genes exactamente iguales. Se producen los clones mediante la reproducción asexual.

El primer árbol que produjo naranjas sin semillas fue el resultado de una mutación. Una mutación es un cambio repentino en los genes. Una mutación ocurre por casualidad. Puede causar nuevos caracteres hereditarios.

La mayoría de las mutaciones ocurren en la naturaleza.

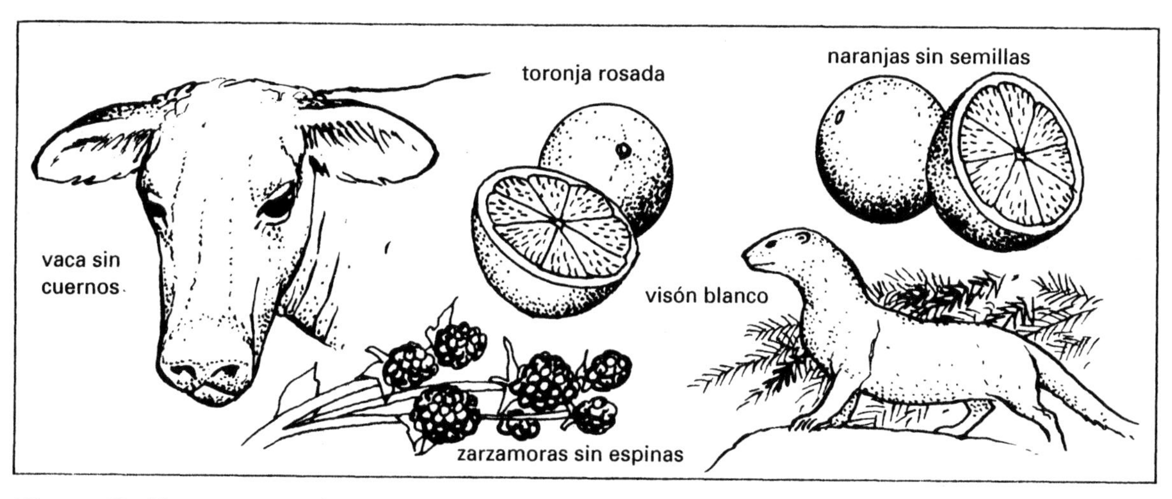

Figura E *Algunas mutaciones conocidas.*

Figura F *La mosca mediterránea de la fruta hace daño a las frutas.*

Los científicos también pueden crear las mutaciones en el laboratorio por medio de la radiación.

A algunos insectos machos nocivos, como la mosca mediterránea de la fruta, se someten a la radiación. La radiación crea muchos cambios en los genes. Los genes salen dañados. Con los genes dañados, los machos de moscas mediterráneas de la fruta son estériles.

Cuando estas moscas estériles se aparean, no producen progenie. Así se disminuye la población de insectos. Mediante este método se logra la reducción de los insectos nocivos sin tener que usar sustancias químicas dañinas.

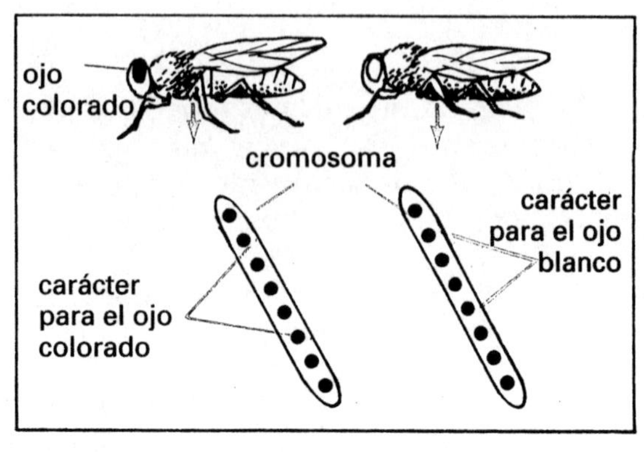

Figura G *Los ojos blancos son un carácter mutante en las moscas de la fruta.*

Las mutaciones también ayudan a los científicos a trazar un "mapa" de los cromosomas de la mosca mediterránea de la fruta.

Un mapa de los cromosomas muestra qué parte del cromosoma es la que controla un carácter.

HACER CORRESPONDENCIAS

Empareja cada término de la Columna A con su descripción en la Columna B. Escribe la letra correcta en el espacio en blanco.

	Columna A	Columna B
________	**1.** la mutación	**a)** producción de organismos con genes exactamente iguales
________	**2.** el mapa de los cromosomas	**b)** puede dañar los genes
________	**3.** la radiación	**c)** resultado de la mutación
________	**4.** el clonaje	**d)** muestra la parte del cromosoma que controla un carácter
________	**5.** la naranja sin semillas	**e)** cambio repentino en los genes

AMPLÍA TUS CONOCIMIENTOS

A los pedazos de A.D.N. que contienen el A.D.N. de un organismo diferente se les llama A.D.N. recombinado. ¿Por qué crees que éste es un término apropiado?

____

____

____

¿Qué es la selección natural?

10

evolución: proceso por el cual los organismos se transforman a través del tiempo
extinguido: organismo que ya no existe en la tierra
fósiles: restos de organismos que existían en el pasado
selección natural: supervivencia de los organismos con caracteres favorables

LECCIÓN 10 ¿Qué es la selección natural?

¿Has visitado alguna vez un museo de historia natural? Si lo has hecho, probablemente examinaste unos **fósiles.** Los fósiles son los restos de organismos que vivían en el pasado.

Hasta el siglo diecinueve, la mayoría de los científicos creían que los organismos vivían tal como existían desde que se aparecieron por primera vez en la tierra. Sin embargo, para finales del siglo dieciocho, los científicos habían hallado y examinado muchos fósiles. Los fósiles señalan cosas muy interesantes sobre los seres vivos.

Los fósiles señalan que los organismos se han transformado. Enseñan que los seres vivos más tempranos sobre la tierra fueron organismos simples. Durante los billones de años que han pasado, los seres vivos llegaron a ser más complejos.

Los fósiles señalan que muchas especies, o tipos de organismos, se murieron. Estos organismos son **extinguidos.**

La mayoría de los científicos creen que nuevas especies se desarrollan de las viejas especies como el resultado del cambio lento a traves del tiempo, o sea, la **evolución.** La evolución es el proceso por el cual los organismos se cambian o se transforman a través del tiempo.

¿Cómo y por qué se han cambiado los seres vivos? Se han propuesto distintas teorías de la evolución a través de los años. Sin embargo, hace más de 100 años, un biólogo inglés que se llamaba Charles Darwin propuso una teoría de la evolución. La mayoría de los científicos hoy en día aceptan la teoría de Darwin.

De acuerdo con la teoría de Darwin:

1. **LA SUPERPRODUCCIÓN** Los organismos producen más descendientes de lo que el medio ambiente puede soportar. No hay ni suficientes alimentos ni espacio vital para todos los descendientes.

Figura A

2. **LA COMPETENCIA** La superproducción lleva a un conflicto. Todos los organismos se compiten por alimentos, agua y otras necesidades de vida. Solamente los organismos que están bien adaptados a su medio ambiente pueden sobrevivir y reproducirse. Los demás se mueren.

Figura B

3. **LAS VARIACIONES** Los organismos de la misma especie se parecen mucho. Pero sí tienen diferencias individuales entre los caracteres, o sea, variaciones. Estas diferencias son importantes para el "conflicto de la supervivencia". Por ejemplo, más velocidad puede ser la diferencia entre la vida y la muerte. Un ñu veloz puede escaparse de una pantera. Un vecino más lento puede convertirse en su comida

Figura C

4. **LA SUPERVIVENCIA DEL APTO** Los organismos con caracteres que los ayudan a adaptarse bien al medio ambiente son los que sobreviven y se reproducen. Darwin empleó el término la **selección natural** para describir la supervivencia de los organismos con caracteres favorables. Ellos, luego, transmiten estos caracteres a sus descendientes. Entonces, es más probable que sobrevivan los descendientes. A medida que el proceso continúe a través de muchas generaciones, las especies se cambian. Estos cambios pueden resultar en la creación de una nueva especie.

Figura D

Examina los diagramas. Luego, contesta las preguntas.

1. Según Darwin, ¿todas las jirafas en la antigüedad tenían cuellos largos?

   ____

Figura E

2. Las jirafas de cuellos ________________
   largos, cortos

   podían alcanzar los alimentos que quedaban muy altos.

3. Las jirafas de cuellos ________________
   largos, cortos

   eran mejor adaptados a su medio ambiente.

Figura F

4. Las jirafas de cuellos ________________
   largos, cortos

   se murieron.

5. ¿Cuáles de las jirafas se sobrevivieron y se reprodujeron?

   Las jirafas de cuellos ________________
   largos, cortos

6. ¿Qué adaptación importante transmitían los supervivientes a sus descendientes?

   ____

7. Describe los cuellos de todas las jirafas que existen hoy. (PISTA: Basta con una sola palabra.)

   ____

Figura G

COMPLETA LA ORACIÓN

Completa cada oración con una palabra o una frase de la lista de abajo. Escribe tus respuestas en los espacios en blanco.

cambiando	favorables	organismos
Charles Darwin	adaptado	competencia
variaciones	diferentes	número limitado
extinguida	se reproducen	

1. Se dice que un organismo que es apto en su medio ambiente es ________________ a sus alrededores.

2. La tierra siempre está ________________.

3. Al cambiarse la tierra, los ________________ que viven en ella se cambian también.

4. Una especie que no se cambia a medida que cambie su medio ambiente puede llegar a ser ________________.

5. El científico que formuló una teoría importante de la evolución fue ________________.

SEGÚN DARWIN:

6. Un medio ambiente favorable sólo puede soportar un ________________ de organismos.

7. La superproducción lleva a la ________________.

8. Los organismos que pertenecen a la misma especie pueden tener caracteres ________________.

9. Las diferencias entre los caracteres se llaman ________________.

10. Los organismos que se adaptan a su medio ambiente ________________ y transmiten sus caracteres ________________ a sus descendientes.

¿Qué pruebas apoyan la evolución?

11

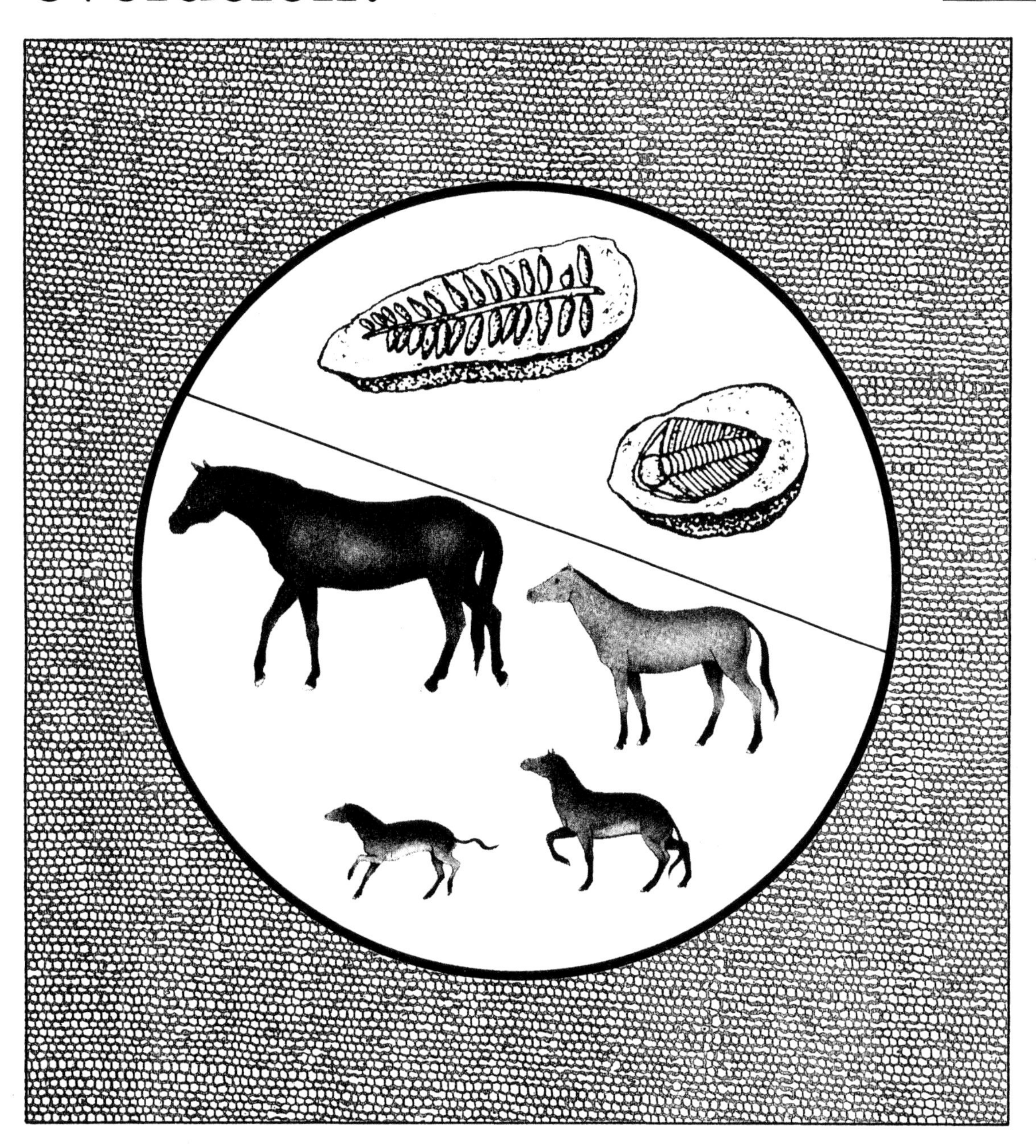

anatomía: estudio de las partes, o las estructuras, de los seres vivos
estructuras rudimentarias: partes del cuerpo que tienen tamaño disminuido y que ya no tienen función

LECCIÓN 11 ¿Qué pruebas apoyan la evolución?

Imagínate que eres espía en busca de pistas para comprobar la teoría de la evolución. ¿Dónde buscarás? Hay pruebas para la evolución en las siguientes partes:

LAS PRUEBAS DE LOS FÓSILES Los fósiles son los restos, o los vestigios, de organismos que vivían hace muchos años. El registro de fósiles indica que los organismos han cambiado a través del tiempo. Señala que los organismos más tempranos eran seres vivos simples. Vivían en el agua. Los fósiles indican que estos organismos se transformaron en organismos más complejos a través de millones de años.

LA ANATOMÍA El estudio de las partes, o las estructuras, de los seres vivos se llama la **anatomía.** Al estudiar las partes de los seres vivos, podemos averiguar cuán emparentados están. Por ejemplo, los huesos del ala de un murciélago y los de la mano de un ser humano son parecidos. Este hecho indica que están emparentados.

¿Puedes menear las orejas? Siempre provoca la risa, pero no significa nada más para los seres humanos de la actualidad. Los músculos controlan los movimientos de las orejas. Los músculos de las orejas de los seres humanos se consideran como **estructuras rudimentarias.** Las estructuras rudimentarias son las "que sobran". Generalmente son de tamaño disminuido y no tienen función alguna. Los científicos creen que las estructuras rudimentarias sí tenían una función para los antecesores de los animales que ahora las tienen. Casi todos los animales tienen estructuras rudimentarias. Hay más de 100 en los seres humanos. El apéndice vermiforme es otra estructura rudimentaria de los humanos.

LA EMBRIOLOGÍA Un embrión es un organismo en las etapas muy tempranas de desarrollo, antes de nacer. La embriología es el estudio de los embriones durante su desarrollo. Los científicos comparan los embriones de distintos seres vivos para averiguar si se parecen. Los organismos que tienen embriones parecidos probablemente evolucionaron de un antepasado común.

LA BIOQUÍMICA Todos los seres vivos consisten en sustancias químicas que se llaman proteínas. Hay muchos tipos de proteínas. Cada uno tiene su propia "huella" química o estructuras. Los científicos pueden identificar la composición química de las proteínas. Han descubierto que la sangre de ciertos animales tiene determinados tipos de proteínas. Comparan las proteínas de la sangre de diferentes animales. De esta forma, pueden averiguar cuán emparentados están.

- La mayoría de los fósiles se encuentran en las capas de rocas.
- Las capas inferiores se establecieron primero. Son más viejas que las capas que les quedan encima.
- Los fósiles en las capas inferiores son más viejas que los fósiles en las capas superiores.

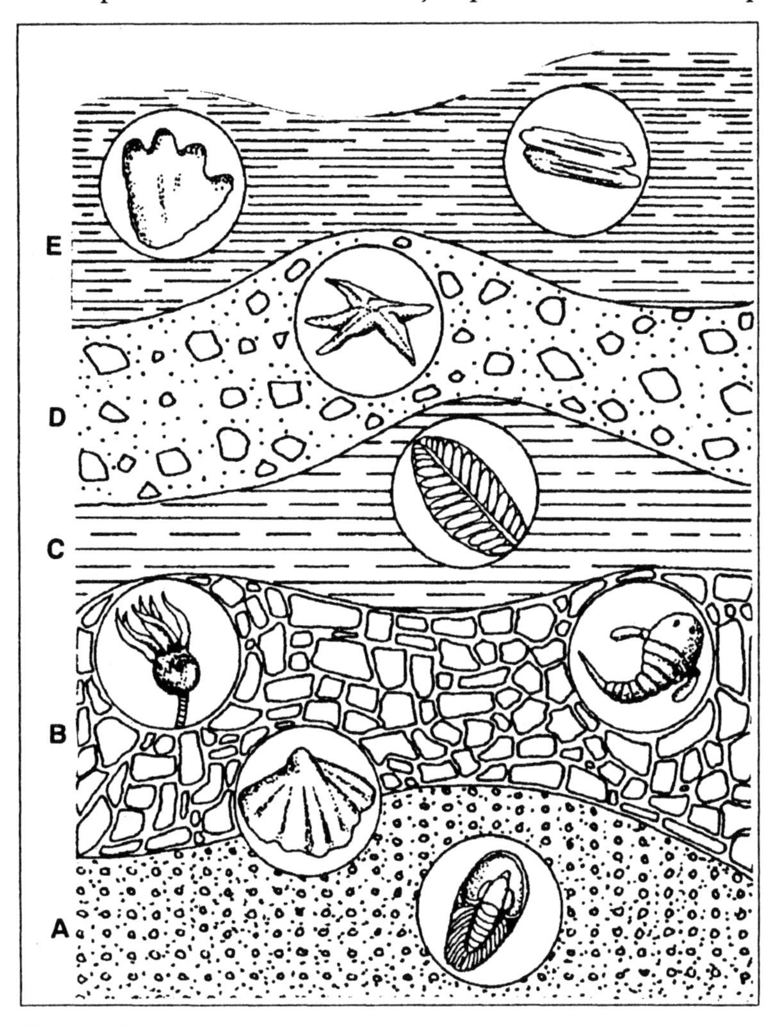

Figura A

En la Figura A se ven cinco capas de rocas. Cada una contiene fósiles.

Examina las capas y, luego, contesta las preguntas.

1. ¿Cuál de las capas de rocas es la más vieja? ________________

2. ¿Cuál de las capas de rocas es la más joven? ________________

3. ¿Cuál de las capas tiene fósiles más viejos? ________________

4. ¿Cuál de las capas tiene fósiles más jóvenes? ________________

5. **a)** Los fósiles en la capa C son ________________ que los fósiles que se encuentran en las capas D y E.
   más viejos, más jóvenes

   b) Los fósiles en la capa C son ________________ que los de las capas A y B.
   más viejos, más jóvenes

LA EVOLUCIÓN DEL CABALLO

El primer caballo apareció hace unos 60 millones de años. Desde aquella época, se ha estado transformando. El registro de fósiles más completo es el del caballo. Examina la Figura B. ¿Cuáles son los cambios que puedes notar? Contesta las preguntas de abajo.

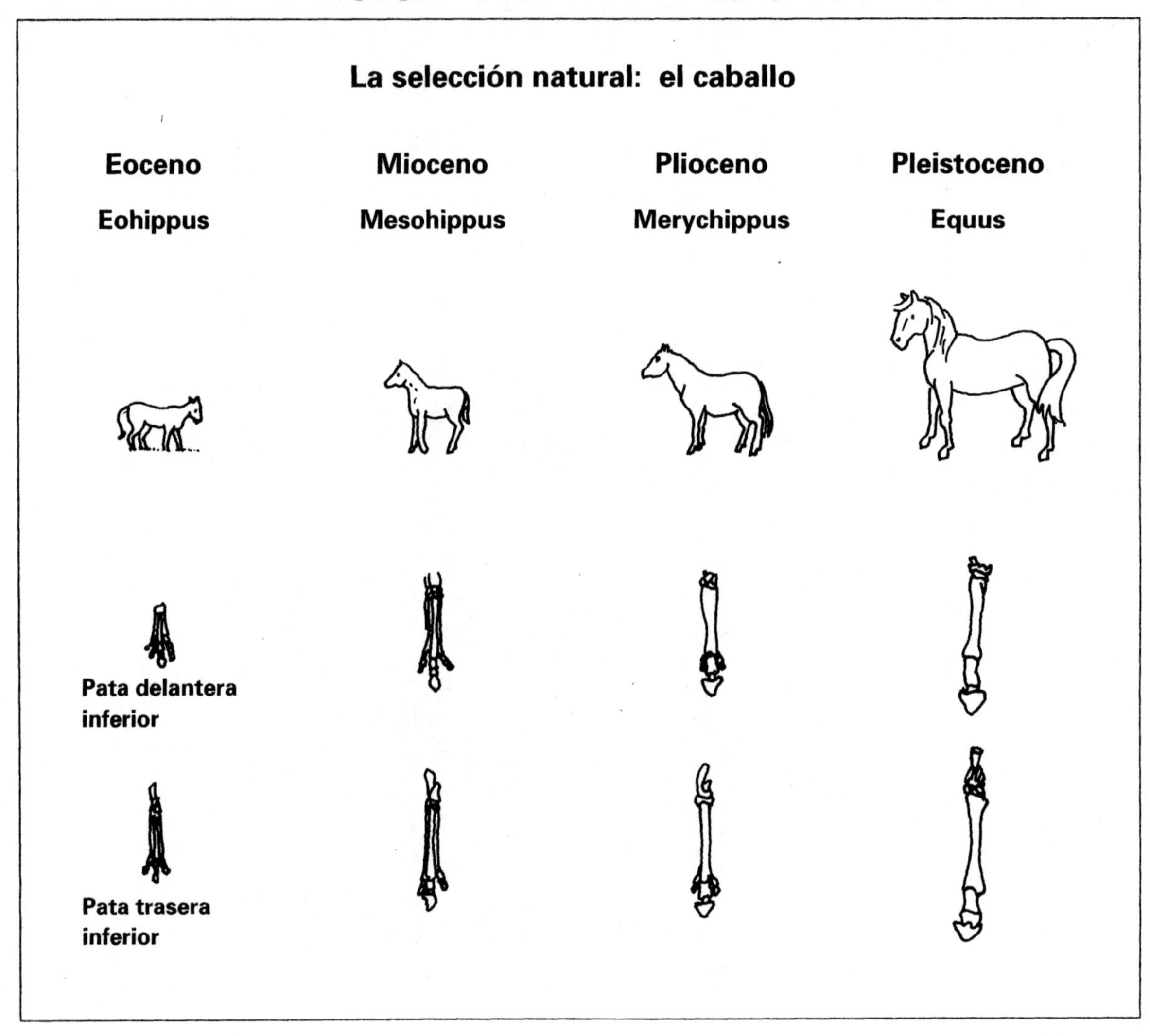

Figura B

1. ¿Cómo cambió el tamaño del caballo? ______________________________

2. El caballo más temprano tenía ________________ dedos.
   uno, muchos

3. ¿Cuántos dedos tiene un caballo de la actualidad? ________________ ¿Cómo se llama? (Piensa en lo que ya sabes.) ________________

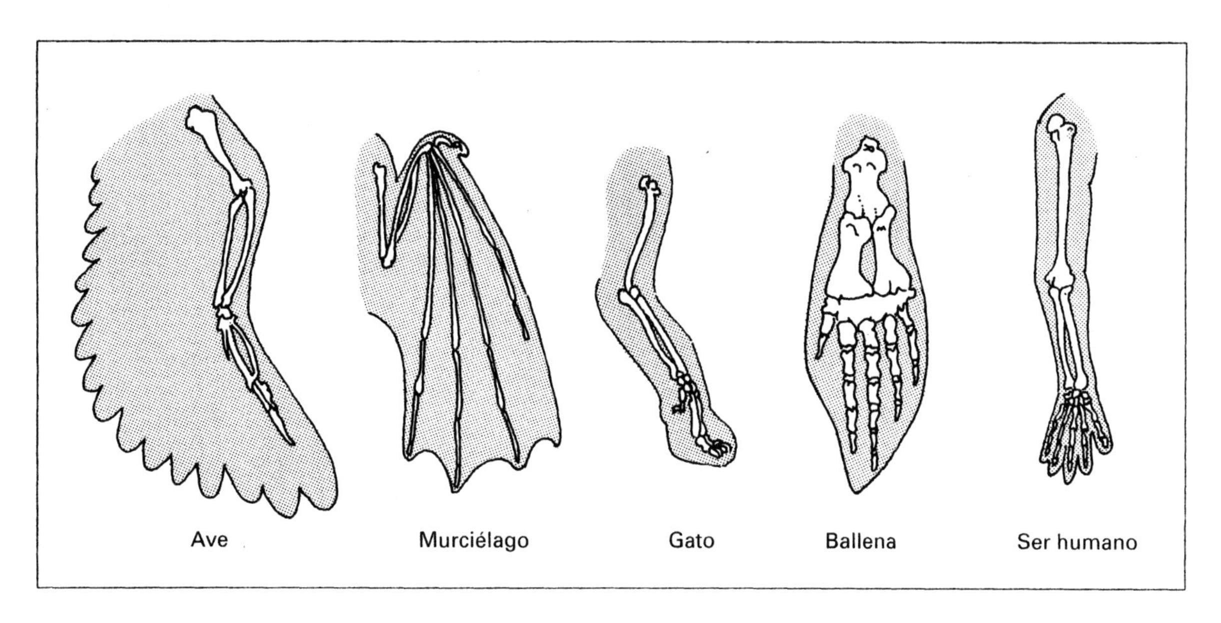

Figura C

La Figura C nos enseña el ala de un ave, el ala de un murciélago, la pata delantera de un gato, la aleta de una ballena y la mano y el brazo de un ser humano. Por fuera se ven muy diferentes. Sin embargo, por dentro los huesos son parecidos. Los huesos están dispuestos de formas parecidas. También se desarrollan de modos parecidos.

1. Por la anatomía, se indica que estos animales ______________ (sí, no) tienen un antepasado por afinidad, o sea, cercano.

Figura D

Las alas de una abeja y las alas de un ave tienen la misma función. Se usan para volar. Sin embargo, su anatomía indica que las alas son muy diferentes. Se desarrollan de modos completamente distintos.

2. Por la anatomía, se indica que las aves y las abejas son parientes

   ______________ (lejanos, cercanos).

3. Las aves y las abejas ______________ (sí, no) se desarrollaron de la misma "rama evolutiva".

LA EMBRIOLOGÍA

La semejanza entre algunos organismos indica que probablemente evolucionaron de un antepasado común.

La Figura E enseña el desarrollo de un **pez,** una **tortuga,** una **gallina,** un **cerdo** y un **ser humano.** Examina los dibujos y, luego, contesta las preguntas.

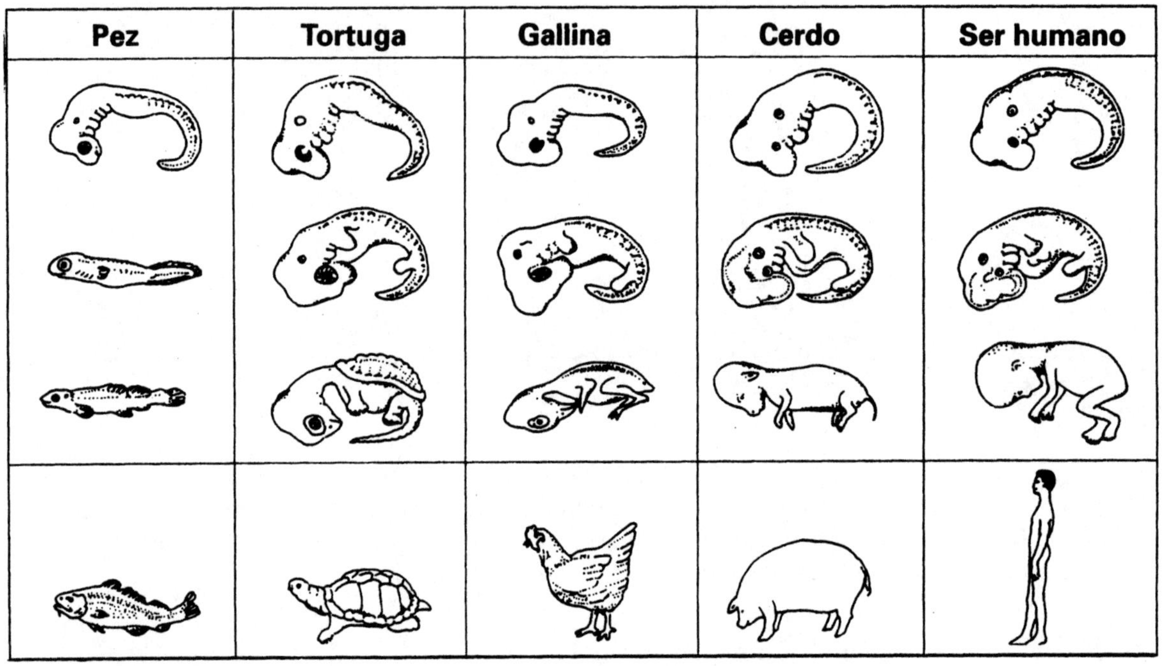

Pez	Tortuga	Gallina	Cerdo	Ser humano

Figura E

1. Los adultos se ven muy ________________ .
   parecidos, diferentes

2. Los embriones más tempranos (del primer nivel) se ven muy ________________.
   parecidos, diferentes

________ 3. ¿Cuáles de los organismos están <u>más</u> emparentados?

a) gallinas y seres humanos b) peces y cerdos

c) cerdos y seres humanos d) tortugas y cerdos

________ 4. ¿Cuáles de los organismos están <u>menos</u> emparentados?

a) peces y tortugas b) cerdos y gallinas

c) peces y seres humanos d) cerdos y seres humanos

5. Los embriones que se parecen <u>más</u> son los que están ________________ emparentados.
   más, menos

6. Los embriones que se parecen <u>menos</u> son los que están ________________ emparentados.
   más, menos

CIERTO O FALSO

En el espacio en blanco, escribe "Cierto" si la oración es cierta. Escribe "Falso" si la oración es falsa.

_________ **1.** Los fósiles que se encuentran en las capas de roca superiores son más viejos que los fósiles que se encuentran en las capas inferiores.

_________ **2.** La "estructura" quiere decir la manera en que se usa algo.

_________ **3.** La "función" quiere decir la manera en que se usa algo.

_________ **4.** Los distintos animales con partes que tienen estructura y función parecidas probablemente son parientes lejanos.

_________ **5.** La embriología es el estudio de los organismos adultos.

_________ **6.** Los embriones que están más emparentados se ven más parecidos —y por más tiempo— que los embriones de parientes lejanos.

_________ **7.** El registro de fósiles más completo es el del caballo.

_________ **8.** Las alas de abejas y de aves son muy parecidas.

_________ **9.** Los órganos rudimentarios ya no tienen función.

_________ **10.** Las proteínas de la sangre pueden indicar relaciones evolutivas.

AHORA INTENTA ÉSTAS

Lee cada oración. Indica si cada oración se basa en la anatomía (A), la bioquímica (B) o la embriología (E) como prueba de relaciones evolutivas entre los organismos. Escribe la letra correcta en el espacio en blanco.

_________ **1.** Los huesos de las patas delanteras de un pingüino y de un caimán tienen estructuras parecidas.

_________ **2.** Las etapas de desarrollo tempranas de un pez, un conejo y un gorila se parecen.

_________ **3.** En el ala de un murciélago y en el brazo de un ser humano se encuentran huesos que se llaman radio, húmero y cúbito.

_________ **4.** Algunas proteínas de la sangre se encuentran en casi todos los organismos.

_________ **5.** Los huesos de los dedos de los mamíferos tienen la misma estructura.

COMPLETA LA ORACIÓN

Completa cada oración con una palabra o una frase de la lista de abajo. Escribe tus respuestas en los espacios en blanco. Algunas palabras pueden usarse más de una vez.

fósiles	capas	función
sangre	rudimentaria	desarrollo
cuatro	proteínas	antepasado

1. En los humanos, el hueso caudal es una estructura ________________ .

2. Un embrión es un organismo en sus etapas de ________________ tempranas.

3. Todos los seres vivos tienen sustancias químicas que se llaman ________________ .

4. Las alas de las aves y los murciélagos indican que estos organismos probablemente tienen un ________________ en común.

5. El registro de ________________ más completo es el del caballo.

6. La mayoría de los fósiles se encuentran en las ________________ de rocas.

7. Los organismos con embriones parecidos probablemente evolucionaron de un ________________ común.

8. La ________________ de ciertos animales tiene tipos determinados de proteínas.

9. Las estructuras rudimentarias no tienen ________________ .

10. El caballo de la época más temprana tenía ________________ dedos.

AMPLÍA TUS CONOCIMIENTOS

El apéndice vermiforme es una pequeña prolongación en la parte inferior del intestino grueso. En algunos animales que se alimentan de plantas es mucho más grande y es importante para la digestión.

A veces, el apéndice de una persona se infecta y se ha de quitar. Los cirujanos han quitado millones de apéndices. Jamás se ha notado ningún efecto secundario por falta del apéndice.

¿Qué comprueba esto? ____

____

____

¿Cómo la adaptación ayuda a las especies a sobrevivir?

12

adaptación: carácter de un organismo que le ayuda a vivir en su medio ambiente
mimetismo: capacidad de un organismo de asemejarse a sus alrededores o la adaptación de un organismo que protege al organismo porque se parece tanto a otro organismo

LECCIÓN 12 ¿Cómo la adaptación ayuda a las especies a sobrevivir?

Un organismo tiene que estar bien adaptado a su medio ambiente para poder sobrevivir. Tiene que ser capaz de aguantar el clima. Tiene que ser capaz de conseguir sus alimentos, de protegerse contra sus enemigos y de reproducirse. Un organismo con estas capacidades se ha adaptado bien a su medio ambiente. En las Lecciones 10 y 11, aprendiste que los organismos que se adaptan a su medio ambiente tienen mejores posibilidades de sobrevivir y de reproducirse.

Cualquier carácter de un organismo que le ayuda a vivir en su medio ambiente se llama una **adaptación.** Las adaptaciones hacen que cada clase de seres vivos sea capaz de vivir en su medio ambiente. Permiten que un tipo de organismo pueda vivir donde no pueden vivir los demás organismos.

Por ejemplo, los osos polares viven sin protección en temperaturas de bajo cero. Tú no puedes hacerlo. Tampoco lo pueden hacer la mayoría de los otros organismos. Los osos polares están "construidos" para el frío penetrante. Tienen una gruesa capa de grasa y el pelo denso que los mantienen calientes.

Algunos animales viven a gusto en otros climas. El camello, por ejemplo, se ha adaptado para vivir en el desierto cálido y árido. Los caimanes se han adaptado para vivir en los pantanos cálidos y húmedos.

La adaptación pertenece no sólo a los animales, sino también a las plantas y a otros grupos de seres vivos. Por ejemplo, un cacto puede crecer en el desierto cálido y árido. Por otra parte, un roble se cultiva bien en un medio ambiente más fresco y húmedo.

La Tierra tiene unos cuatro millones y medio de años. Aquí ha existido la vida por más de mil millón de años. Los registros de fósiles nos indican que la Tierra ha estado transformándose continuamente, al igual que sus formas de vida.

Muchas especies que existían en el pasado se han muerto. Están extinguidas. Estos organismos no podían adaptarse a los cambios en el medio ambiente.

La adaptación tiene muchas formas. Los siguientes son unos ejemplos.

El pájaro carpintero está bien adaptado para extraer insectos de los árbole.

Figura A

Las aves tienen plumas y huesos livianos. Están bien adaptadas para el vuelo.

¿Puedes pensar en mejor manera de escaparse de un enemigo que está al ataque? Se escapan volando y así sobreviven para volar otro día.

Figura B

La forma "aerodinámica" de los peces los permiten nadar rápidamente en el agua.

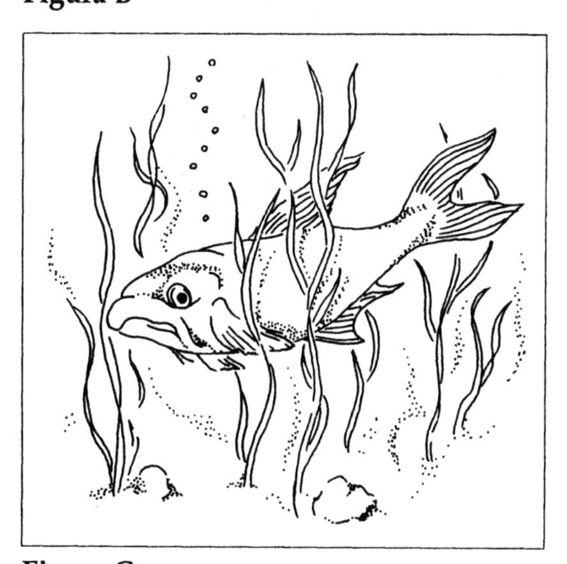

Figura C

Algunos organismos se adaptan al asemejarse a otros organismos. Por ejemplo, la mariposa monarca (arriba) tiene "mal sabor".

Esta mariposa virrey (abajo) no tiene mal sabor. Las aves cazadoras no saben esto. Esta mariposa parecida las engaña. Como consecuencia, las aves dejan las dos especies en paz.

Esta adaptación se llama el **mimetismo.**

Figura D

Algunos organismos se asemejan a sus alrededores. Los otros organismos no los pueden ver sin dificultad.

¿Ves cómo este sapo se asemeja a los objetos que lo rodea? Es casi invisible.

Figura E

El oso polar y el búho de las nieves se asemejan a la blanca nieve ártica.

Esta adaptación también se llama mimetismo.

Figura F

ADAPTACIONES DE LAS AVES

Los picos y las patas de las aves son ejemplos de adaptaciones.

Examina los diagramas de las patas y los picos de diferentes tipos de aves. Luego, averigua si puedes emparejar los diagramas con las descripciones que siguen. Pon las letras correctas en los espacios en blanco.

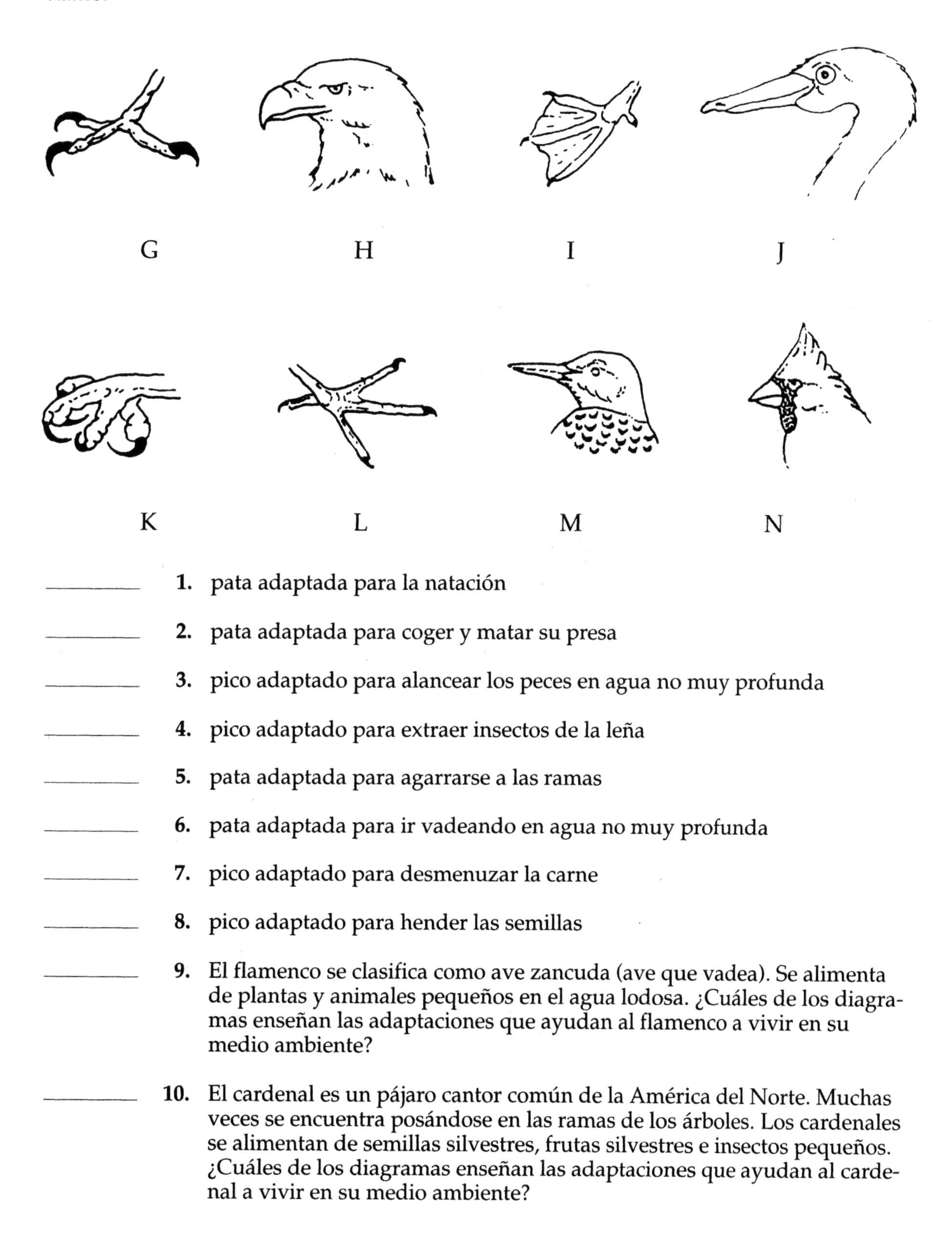

_______ **1.** pata adaptada para la natación

_______ **2.** pata adaptada para coger y matar su presa

_______ **3.** pico adaptado para alancear los peces en agua no muy profunda

_______ **4.** pico adaptado para extraer insectos de la leña

_______ **5.** pata adaptada para agarrarse a las ramas

_______ **6.** pata adaptada para ir vadeando en agua no muy profunda

_______ **7.** pico adaptado para desmenuzar la carne

_______ **8.** pico adaptado para hender las semillas

_______ **9.** El flamenco se clasifica como ave zancuda (ave que vadea). Se alimenta de plantas y animales pequeños en el agua lodosa. ¿Cuáles de los diagramas enseñan las adaptaciones que ayudan al flamenco a vivir en su medio ambiente?

_______ **10.** El cardenal es un pájaro cantor común de la América del Norte. Muchas veces se encuentra posándose en las ramas de los árboles. Los cardenales se alimentan de semillas silvestres, frutas silvestres e insectos pequeños. ¿Cuáles de los diagramas enseñan las adaptaciones que ayudan al cardenal a vivir en su medio ambiente?

BUSCA LAS PALABRAS

En la lista de la izquierda hay palabras que has usado en esta lección. Búscalas y traza un círculo alrededor de cada palabra que hallas en la caja. El deletreo de las palabras puede estar hacia arriba, hacia abajo, hacia la izquierda, hacia la derecha o diagonalmente.

adaptar
ambiente
asemejarse
cacto
especie
extinguido
mariposa
mimetismo
posarse
sobrevivir

E	X	T	I	N	G	U	I	D	O	P	E	B
S	M	I	A	M	B	I	E	N	T	E	R	D
P	U	I	M	R	Ó	E	X	T	M	A	O	S
E	A	L	M	O	N	V	I	V	N	B	E	O
C	S	T	A	E	F	O	G	U	I	S	R	B
I	O	N	T	G	T	P	O	L	R	L	A	R
E	P	C	R	C	H	I	O	A	O	S	T	E
X	I	U	A	Q	U	C	S	M	I	T	P	V
E	R	C	M	S	P	O	R	M	A	U	A	I
U	A	S	E	C	P	N	T	A	O	T	D	V
P	M	R	I	N	T	A	D	A	P	X	A	I
R	I	R	E	B	R	X	E	U	T	A	I	R
E	S	R	A	J	E	M	E	S	A	P	S	E

¿Cuáles son las características de los primates?

13

bípedo: recto; que camina con dos pies en vez de con cuatro
pulgar oponible: un pulgar que puede tocar todos los otros dedos
primates: orden de mamíferos

LECCIÓN 13 ¿Cuáles son las características de los primates?

¿Qué tienen en común las musarañas arbóreas, los lémures, los monos, los gorilas y los seres humanos? Son todos **primates.** Los primates forman un orden de los mamíferos.

Los primates tempranos vivían en los árboles. La mayoría de los primates actuales también viven el los árboles. Así que, ¿te sorprende que los primates tienen muchas características que les ayudan a vivir en los árboles? Seguro que no. Estas características son adaptaciones a la vida en los árboles.

Todos los primates tienen dedos de las manos y los pies que son flexibles. Los dedos de las manos y los pies tienen uñas en vez de garras. Algunos primates utilizan los dedos movibles de las manos y los pies para agarrar las ramas.

La mayoría de los primates también tienen un **pulgar oponible.** Un pulgar oponible puede tocar todos los otros dedos. Toca tú todos los otros dedos de la mano con el pulgar. Puedes ver que los seres humanos también tienen pulgares oponibles.

Todos los primates tienen los ojos en la parte delantera de la cabeza. Les permiten mirar un objeto con los dos ojos al mismo tiempo.

En comparación con el tamaño del cuerpo, los primates también tienen cerebros grandes. Un cerebro grande no siempre significa mayor inteligencia. Pero, un cerebro grande puede haber ayudado a los primates tempranos a adaptarse y a sobrevivir.

Los seres humanos tienen todas las características de los otros primates. También tienen algunas características que los destacan de los otros.

Las mandíbulas y los dientes de los humanos son diferentes de los de los otros primates. La mandíbula humana tiene forma más redondeada. Los dientes de la mandíbula símica están alineados en forma de "U". Por esta razón, la mandíbula de un gorila sobresale de la cara. La mandíbula humana no sobresale.

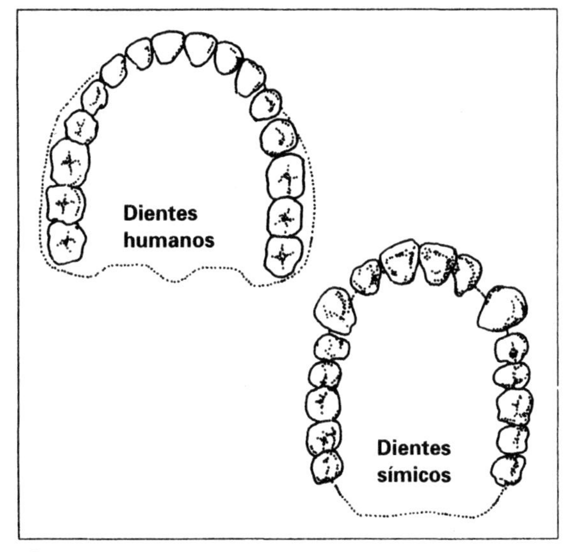

Figura A

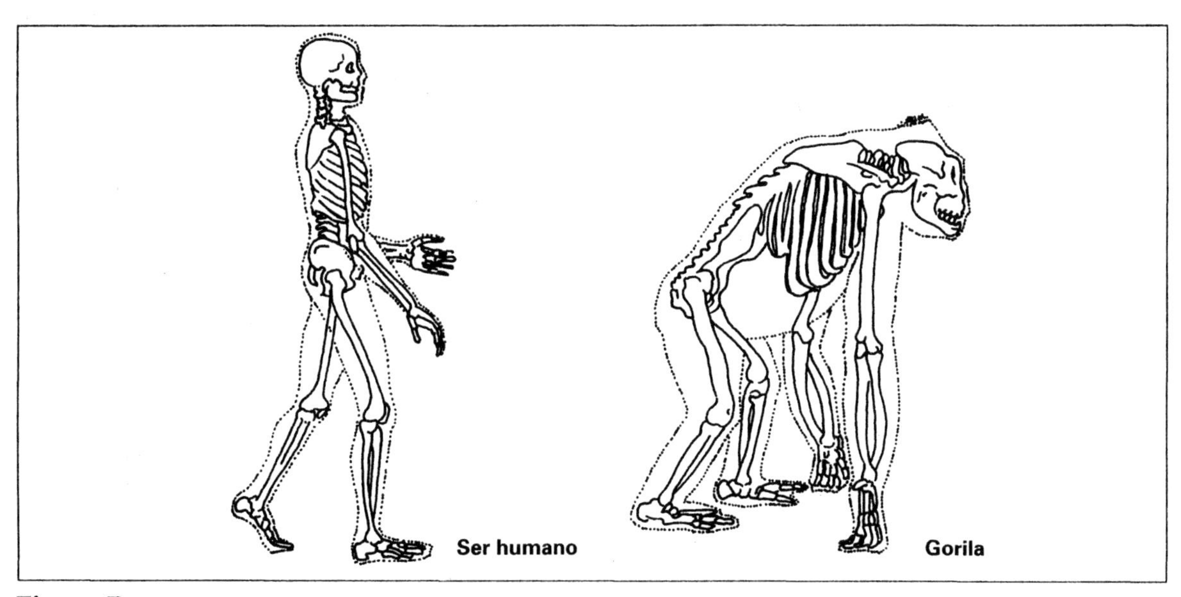

Figura B

Los seres humanos son **bípedos.** Ser bípedo significa que los humanos se mantienen rectos. Caminan sobre dos piernas y no cuatro.

Mira la Figura B. Puedes notar que los huesos pélvicos (de la cadera) de un gorila están adaptados para caminar sobre cuatro patas. Los huesos pélvicos humanos permiten que los humanos caminen sobre dos piernas.

Figura C

Los seres humanos tienen cerebros grandes. El cerebro humano está más desarrollado que los cerebros de los otros primates.

La parte delantera grande del cerebro controla el lenguaje hablado. Los humanos son los únicos animales que utilizan el lenguaje hablado para comunicarse.

AHORA INTENTA ÉSTAS

*Escribe **H** si la característica pertenece solamente a los humanos. Escribe **P** si la característica pertenece a los humanos y a la mayoría de los otros primates.*

________ **1.** Pulgar oponible

________ **2.** Vista de frente

________ **3.** Bípedo

________ **4.** Dedos flexibles

________ **5.** Dedos con uñas en vez de garras

________ **6.** Camina recto sobre dos piernas

________ **7.** Mandíbula redondeada que no sobresale de la cara

________ **8.** Lenguaje hablado

¿PRIMATE O HUMANO?

*Compara los cráneos de las Figuras D y E y las mandíbulas de las Figuras F y G. Decide cuáles son el cráneo y la mandíbula humanos y cuáles son el cráneo y la mandíbula símicas. Escribe **primate** o **ser humano** en los espacios en blanco. Luego, da razones para tus respuestas.*

Figura D

Figura E

D. ____________

E. ____________

F. ____________

G. ____________

Figura F

Figura G

Razones: ______________________________________

____

¿Qué importante es el pulgar? Puede ser aún más importante de lo que piensas...

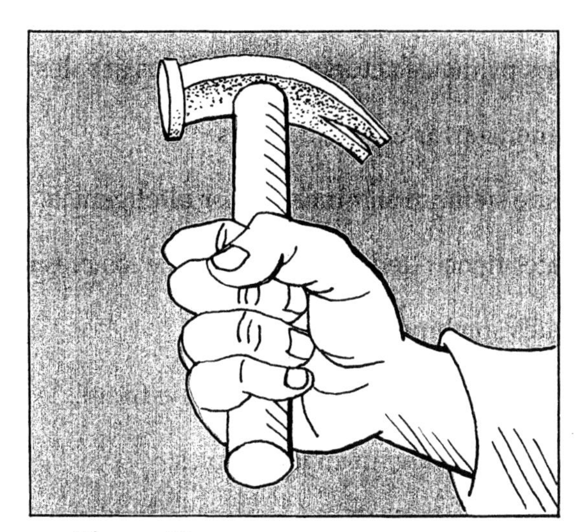

Figura H

INTENTA HACER ESTO:

Sujeta con cinta adhesiva el pulgar y el dedo índice de la mano que más usas. Luego, trata de hacer las siguientes actividades...

1. Abotona (o desabotona) un botón.

2. Levanta un libro.

3. Da vuelta al pomo de la puerta.

4. Sostén un objeto como lo harías con un martillo.

5. Da vuelta a un destornillador.

¿Qué importante es el dedo pulgar? ¡Responde a la pregunta tú!

¿Crees que nuestra civilización estaría tan avanzada si las personas no tuvieran pulgares?

____

Explica tu respuesta. ____

____

CIERTO O FALSO

En los espacios en blanco, escribe "Cierto" si la oración es cierta. Escribe "Falso" si la oración es falsa.

________ 1. La mayoría de los primates actuales viven en los árboles.

________ 2. Los primates tienen garras en vez de uñas.

________ 3. Un cerebro grande siempre significa mayor inteligencia.

________ 4. Todos los primates tienen dedos de las manos y los pies que son flexibles.

________ 5. Todos los primates son bípedos.

________ 6. Solamente los seres humanos tienen la vista de frente.

________ 7. Los primates tempranos vivían en los árboles.

________ 8. La mayoría de los primates tienen un pulgar oponible.

________ 9. Los gorilas y los seres humanos son los únicos animales que utilizan un lenguaje hablado para comunicarse.

________ 10. Las musarañas arbóreas y los lémures son primates.

PALABRAS REVUELTAS

A continuación hay varias palabras revueltas que has usado en esta lección. Pon las letras en orden y escribe tus respuestas en los espacios en blanco.

1. EBROCRE ____________________
2. LÁSEBRO ____________________
3. RIAGOL ____________________
4. RAPGLU ____________________
5. SPERTIMA ____________________

¿Cómo evolucionaron los seres humanos?

14

antropólogos: científicos que estudian los seres humanos y la trayectoria de su evolución
homínidos: grupo de primates en el cual se clasifican los seres humanos actuales y sus antepasados

LECCIÓN 14 ¿Cómo evolucionaron los seres humanos?

Los gorilas, los chimpancés, los monos y las musarañas arbóreas —en la Lección 13 aprendiste que todos estos animales son primates. Los seres humanos son primates también. Los seres humanos actuales y sus antepasados se clasifican en un grupo de primates que se llaman **homínidos.**

El registro fósil de la evolución humana es incompleto. Los **antropólogos** todavía buscan pistas a la evolución humana. Los antropólogos son científicos que estudian los seres humanos y la trayectoria de su evolución.

Los fósiles más viejos de los homínidos se han encontrado en el África. Estos fósiles indican que los homínidos más tempranos caminaban rectos y tenían aproximadamente 1 metro de alto. La edad de los fósiles varía entre 2 1/2 y 3 1/2 millones de años.

También se han encontrado fósiles más recientes que se parecen a los humanos. Los fósiles de cada especie indican caracteres y comportamientos que se parecen más a los humanos que a los de las especies que vivían anteriormente. Por ejemplo, indican un aumento en el tamaño del cuerpo. También tienen cráneos más grandes. Algunas de las especies más recientes empleaban herramientas. Otras vivían en cuevas, utilizaban fuego y cazaban sus alimentos.

Los humanos actuales pertenecen a la especie *Homo sapiens,* que quiere decir "humano sabio". Se han encontrado fósiles de dos tipos más tempranos de los humanos actuales. Se llaman hombres de Neandertal y hombres de Cro-Magnon. Aprenderás más acerca de estos dos tipos de *Homo sapiens* en las siguientes páginas.

LOS HOMBRES DE NEANDERTAL

Los primeros fósiles de *Homo sapiens* se encontraron en el Valle de Neandertal de Alemania. Se los llamaban hombres de Neandertal. Los hombres de Neandertal vivían hace unos 130,000 a 35,000 años. Vivían en Europa durante la época glacial.

Los hombres de Neandertal eran un poco más bajos que los humanos actuales. Caminaban rectos. Tenían cráneos con frentes inclinadas y gruesos huesos de los senos frontales. Tenían cerebros grandes.

Figura A

Los cerebros grandes ayudaron a que los hombres de Neandertal se adaptaran al frío de la época glacial. Vivían en cuevas y utilizaban el fuego para calentarse. Los hombres de Neandertal también eran las primeras personas conocidas que enterraban a los difuntos.

LOS HOMBRES DE CRO-MAGNON

Se encontraron los fósiles de los hombres de Cro-Magnon en una cueva de Francia. Estos fósiles tenían unos 35,000 años.

Los hombres de Cro-Magnon tenían frentes altas y no tenían senos frontales pronunciados. Se parecían a los seres humanos actuales.

Los científicos han encontrado indicios de que los hombres de Cro-Magnon eran cazadores y fabricantes de herramientas hábiles. También hacían esculturas y hacían pinturas en las paredes de sus cuevas.

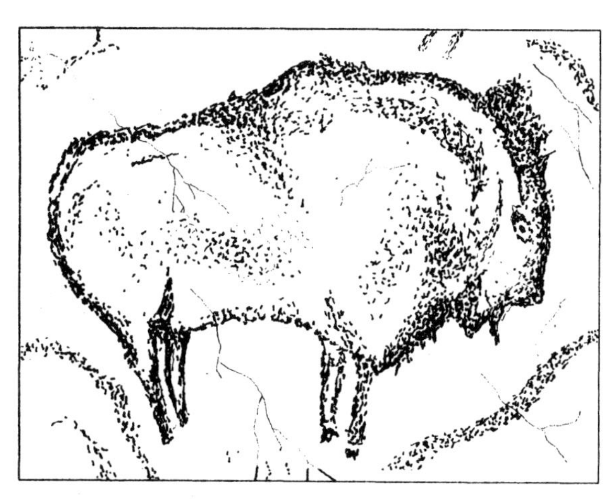

Figura B

¿HOMBRES DE NEANDERTAL O DE CRO-MAGNON?

*Decide si las oraciones siguientes se refieren a los hombres de Cro-Magnon o a los de Neandertal. En los espacios en blanco, escribe **C** si se refiere a los de Cro-Magnon o **N** si se refiere a los de Neandertal.*

________ **1.** frentes inclinadas y huesos gruesos de los senos frontales

________ **2.** parecidos a los seres humanos actuales

________ **3.** los primeros de los *Homo sapiens* que se conocen que enterraban a los difuntos

________ **4.** más bajos que los seres humanos actuales

________ **5.** hacían pinturas en las paredes de las cuevas

Contesta las siguientes preguntas.

1. ¿Qué quiere decir *Homo sapiens*? ________________________________

2. ¿Qué es la antropología? ________________________________

3. ¿Cómo crees que los científicos descubrieron que los hombres de Cro-Magnon eran hábiles cazadores y fabricantes de herramientas? ________________________________

____

4. Escribe los nombres de dos tipos de seres humanos tempranos. ________________________________

____

Sabemos acerca del desarrollo humano al estudiar los huesos fósiles.

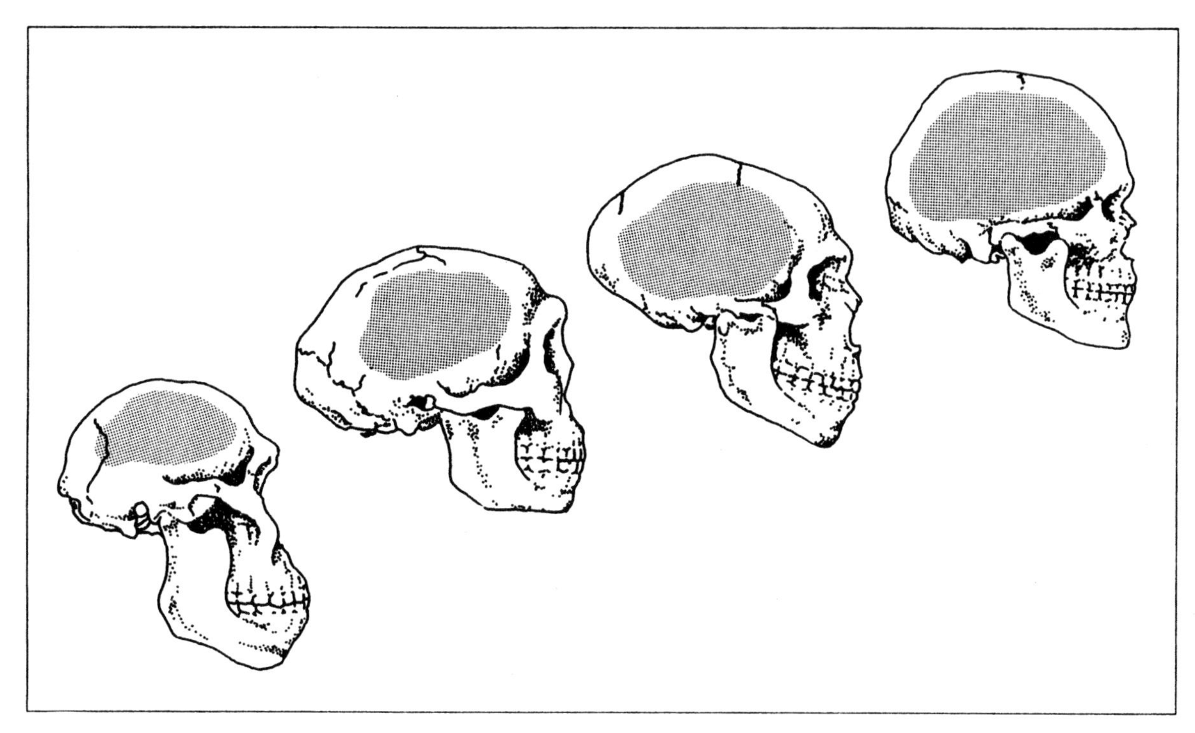

Figura C

En la Figura C se ven cuatro etapas en el desarrollo del cráneo humano: desde el primer hombre-mono al ser humano actual.

Imagínate que eres antropólogo. Compara los cráneos detalladamente. Luego, contesta las preguntas que siguen.

Al desarrollarse los seres humanos:

1. El tamaño del cerebro ______________________________.
   se aumentaba, se disminuía

2. El cráneo llegó a ser ______________________________.
   más grande, más pequeño

3. El cráneo también llegó a ser ______________________________.
   menos redondeado, más redondeado

4. La mandíbula se movió ______________________________.
   hacia adelante, hacia atrás

5. El seno frontal huesudo ______________________________.
   se sobresalió aún más, se disminuyó

OTROS CAMBIOS EVOLUTIVOS

Examina los diagramas que siguen. Luego, contesta las preguntas.

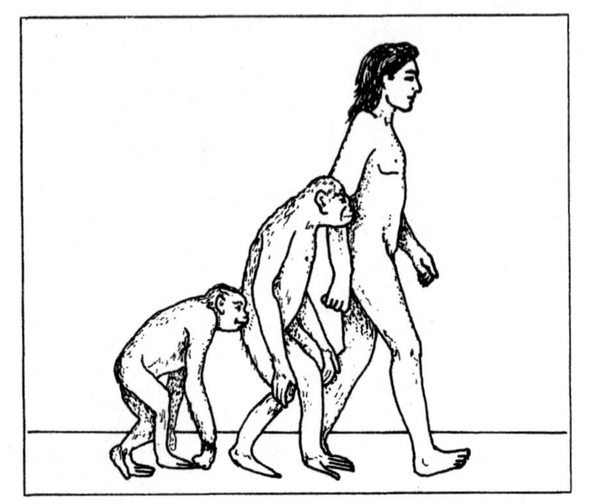

Figura D

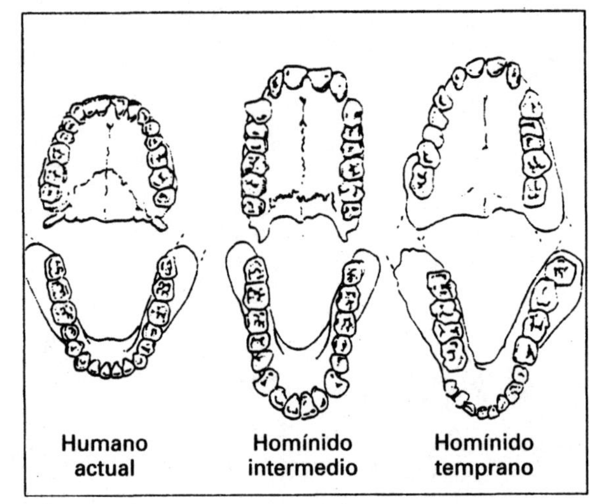

Figura E

1. Al desarrollarse los seres humanos,

   a) se paraban ________________ recto.
   más, menos

   b) la cabeza se inclinaba ________________ .
   más, menos

2. Había ________________ pelo en el cuerpo.
   más, menos

3. Los dientes caninos se hacían ____________________ .
   más pequeños, más grandes

4. La boca (no los labios) llegó a tener una forma ____________________________ .
   más como una "U", más redondeada

AHORA, INTENTA CONTESTAR ÉSTAS

5. La capacidad para el razonamiento ____________________________________ .
   se mejoraba, se quedaba igual, se empeoraba

6. La habilidad para comunicarse ____________________________________ .
   se mejoraba, se quedaba igual, se empeoraba

7. La coordinación ____________________________________ .
   se mejoraba, se quedaba igual, se empeoraba

8. Hay una razón principal que explica tus respuestas a las preguntas 5, 6 y 7.

   ¿Qué es esa razón? ____

EMPAREJA LOS CRÁNEOS CON LAS CABEZAS

A continuación se muestran cuatro cráneos y cuatro cabezas. No están emparejados. Empareja cada cráneo con su cabeza. Escribe tus respuestas en la tabla de abajo.

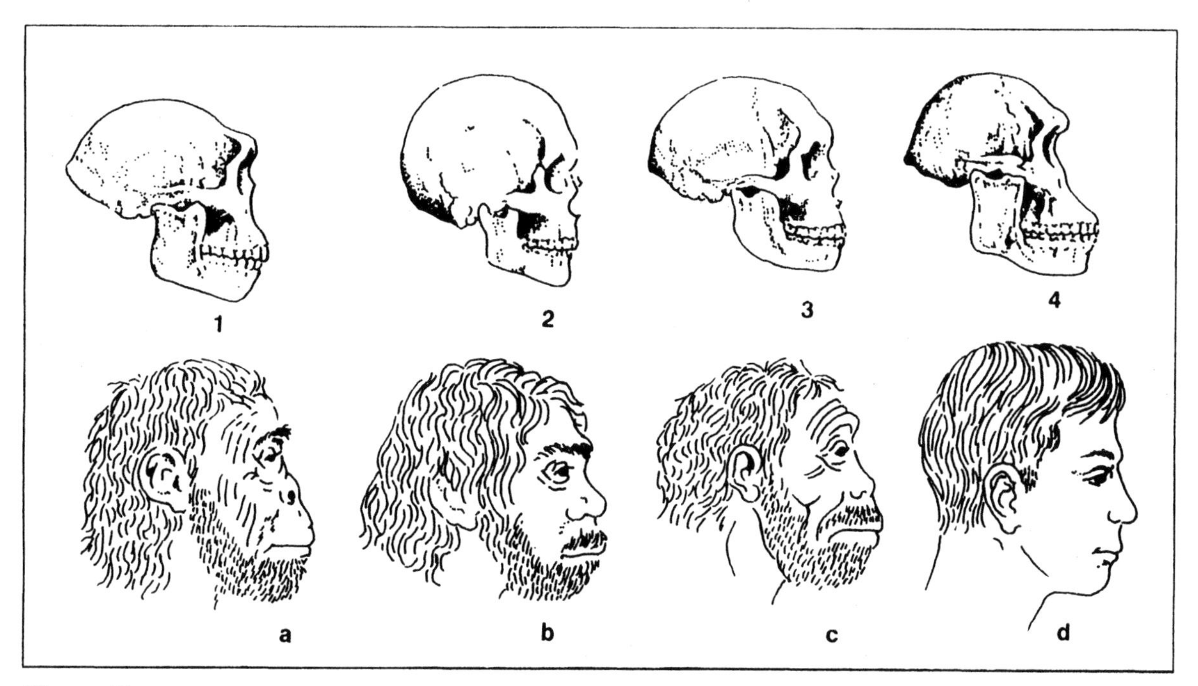

Figura F

CRÁNEO	CABEZA CORRESPONDIENTE
1	
2	
3	
4	

1. Ahora, ordena las parejas de acuerdo con la evolución que avanza.

   (Empezando con la pareja más temprana) ______________________

2. ¿Cuál de los cráneos fue el menos desarrollado? ______________________
3. ¿Cómo lo sabes? ______________________
4. ¿Cuál de los cráneos fue el más desarrollado? ______________________
5. ¿Cómo lo sabes? ______________________

COMPLETA LA ORACIÓN

Completa cada oración con una palabra o una frase de la lista de abajo. Escribe tus respuestas en los espacios en blanco. Algunas palabras pueden usarse más de una vez.

más avanzados	primates	Alemania
más grande	incompleto	homínidos
huesos fósiles	antropólogos	seres humanos

1. Los gorilas, los chimpancés, los monos y los seres humanos se clasifican como ________________ .
2. Los primates son los ________________ de todos los animales.
3. Los primates más inteligentes son los ________________ .
4. En comparación con su tamaño, los seres humanos tienen el cerebro ________________ .
5. Los científicos que estudian el desarrollo de los humanos se llaman ________________ .
6. Los seres humanos actuales y sus antepasados se clasifican como ________________ .
7. Los únicos homínidos que han sobrevivido son los ________________ .
8. El registro fósil de la evolución humana es ________________ .
9. La mayor parte de lo que sabemos acerca de la evolución humana se basa en el estudio de los ________________ .
10. Los primeros fósiles de seres humanos actuales se encontraron en ________________ .

PALABRAS REVUELTAS

A continuación hay varias palabras revueltas que has usado en esta lección. Pon las letras en orden y escribe tus respuestas en los espacios en blanco.

1. SONAHUM ________________
2. UCEVAS ________________
3. PSIMRTAE ________________
4. SOHOÍNIMD ________________
5. ÁCERON ________________

CIERTO O FALSO

En los espacios en blanco, escribe "Cierto" si la oración es cierta. Escribe "Falso" si la oración es falsa.

________ **1.** Los fósiles más viejos de los homínidos se han encontrado en el África.

________ **2.** Los homínidos abarcan los gorilas, los monos y los seres humanos.

________ **3.** Los homínidos más tempranos eran tan altos como los seres humanos actuales.

________ **4.** *Homo sapiens* quiere decir "humano sabio".

________ **5.** Todos los seres humanos actuales pertenecen a la especie *Homo sapiens*.

________ **6.** Se encontraron los fósiles de Neandertal en una cueva de Francia.

________ **7.** Los hombres de Cro-Magnon eran hábiles cazadores y fabricantes de herramientas.

________ **8.** Los hombres de Neandertal vivían durante la época glacial.

________ **9.** Los hombres de Cro-Magnon fueron los primeros que enterraban a los difuntos.

________ **10.** Los fósiles de cada especie homínida indican más caracteres parecidos a los humanos que las especies que vivían anteriormente.

AMPLÍA TUS CONOCIMIENTOS

Las palabras *Homo sapiens* significan "humano sabio". ¿Por qué crees que los científicos le dieron este nombre a este grupo de homínidos? ________________________________

____

____

____

CIENCIA *EXTRA*

El chimpancé — vínculo con humanos

¿Es el pariente más cercano a los humanos el chimpancé? Algunos científicos que estudian el A.D.N. dicen que los chimpancés y los humanos son los parientes más cercanos. Otros que estudian la anatomía de los huesos de monos y de humanos dicen que el gorila y el chimpancé son los parientes más cercanos. ¿Quién tiene razón?

Los científicos que estudian el A.D.N. han descubierto métodos en el laboratorio para comparar el A.D.N. de diferentes especies. En un método, ellos averiguan la secuencia de los "ladrillos para la construcción" que forman el A.D.N. de dos especies. Luego, comparan estas secuencias.

En otro método, los científicos combinan hilos cortos del A.D.N. de dos especies. A veces los "ladrillos" del A.D.N. de una especie se sujetarán a los de la segunda especie. Cuando sucede, los científicos pueden medir la fuerza de esta unión. Cuánto más fuerte sea la unión, más cercano es el parentesco entre las dos especies. Estos científicos dicen que sus resultados indican que el A.D.N. de los humanos y los chimpancés es casi igual, señalando un parentesco muy cercano.

Los científicos que estudian el tamaño y la forma de los huesos dicen que existen muchas semejanzas entre los gorilas y los chimpancés que no existen con los humanos. Una semejanza es caminar sobre los nudillos. Cuando los monos caminan sobre cuatro patas, caminan sobre los nudillos, no sobre las palmas. Si los chimpancés y los humanos son parientes cercanos, ¿no habrá indicio de que los antepasados humanos caminaban sobre los nudillos?

Otra semejanza estrecha entre los dos monos es la estructura de los dientes. Estas dos pruebas se usan para apoyar el parentesco más cercano entre los gorilas y los chimpancés.

Todos los científicos están de acuerdo en que los chimpancés, los gorilas y los humanos comparten un antepasado común. Están en desacuerdo en si los antepasados del gorila actual se partieron de esta línea evolutiva antes del antepasado chimpancé-humano o si la línea de los humanos se partió, dejando un antepasado común de los chimpancés y los gorilas.

¿Quién ganará el debate? Puede que las investigaciones dentro de unos pocos años contesten esta pregunta.

¿Qué son los virus?

15

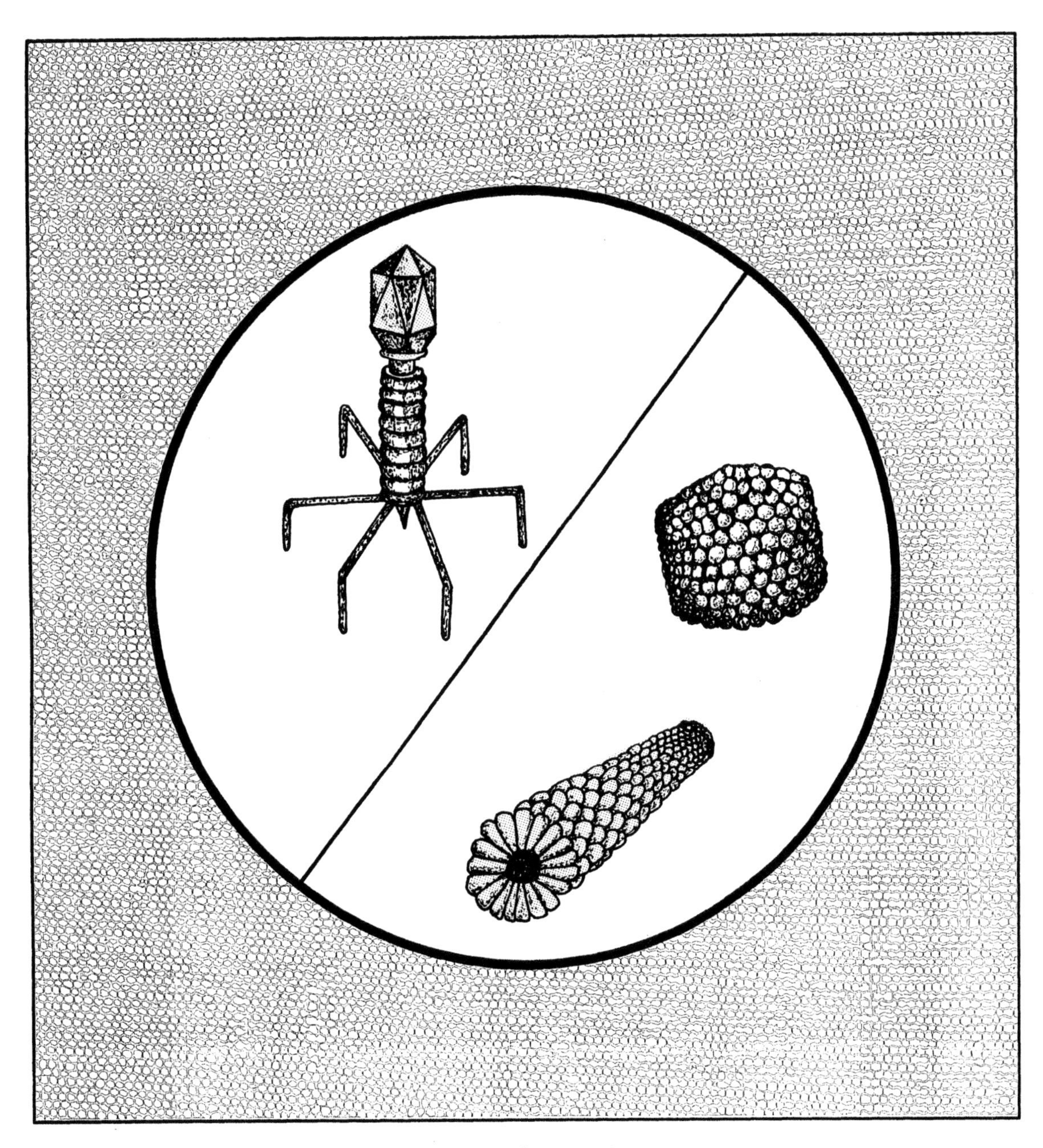

capa proteínica: envoltura de proteína que recubre un virus

ácidos nucleicos: compuestos orgánicos que fabrican proteínas, controlan la célula y determinan la herencia

virus: pedacito de ácido nucleico cubierto de una envoltura exterior de proteína

LECCIÓN 15 | ¿Qué son los virus?

¿Vivos o no vivos? ¡Ésa es la pregunta! Los científicos no están de acuerdo de que si los virus sean realmente seres vivos.

Los virus son extraordinarios. Un virus no tiene partes celulares. Un **virus** solamente consiste en una sustancia que se llama el **ácido nucleico** que está envuelto en una capa exterior de proteína. La capa externa se llama la **capa proteínica,** o *capsid.* La mayor parte del virus consiste en la capa proteínica.

Las capas proteínicas les dan a los virus su forma. Algunos virus son redondos. Otros tienen forma de bastoncillo. Algunos tienen formas muy raras. Puedes ver las formas de algunos virus en la Figura A de la página siguiente.

¿En qué otra manera se difiere un virus de una célula viva? Un virus ni ingiere ni digiere alimentos. Tampoco realiza la respiración. En realidad, un virus no lleva a cabo ninguno de los procesos de vida menos la reproducción—y sólo lo hace cuando está dentro de una célula viva. Cuando un virus está fuera de una célula viva, solamente es una sustancia "química". ¿Qué pasa cuando un virus contamina una célula? Puede causar una enfermedad. Los virus causan muchas enfermedades en las plantas y los animales. Cuando tienes la gripe, estás contagiado de un virus.

Puesto que a los virus les faltan todas las características de los seres vivos, no se clasifican dentro de los cinco reinos. En cambio, la mayoría de los científicos clasifican los virus de acuerdo con los seres vivos que contagian. Los tres grupos principales de virus son: los virus de plantas, los virus de animales y los virus bacterianos.

Los virus son ultramicroscópicos. Las bacterias son diminutas. Pero, al compararlas con los virus, ¡las bacterias son gigantes! Piensa en este dato: una simple célula microscópica puede contener millones de partículas víricas (de virus).

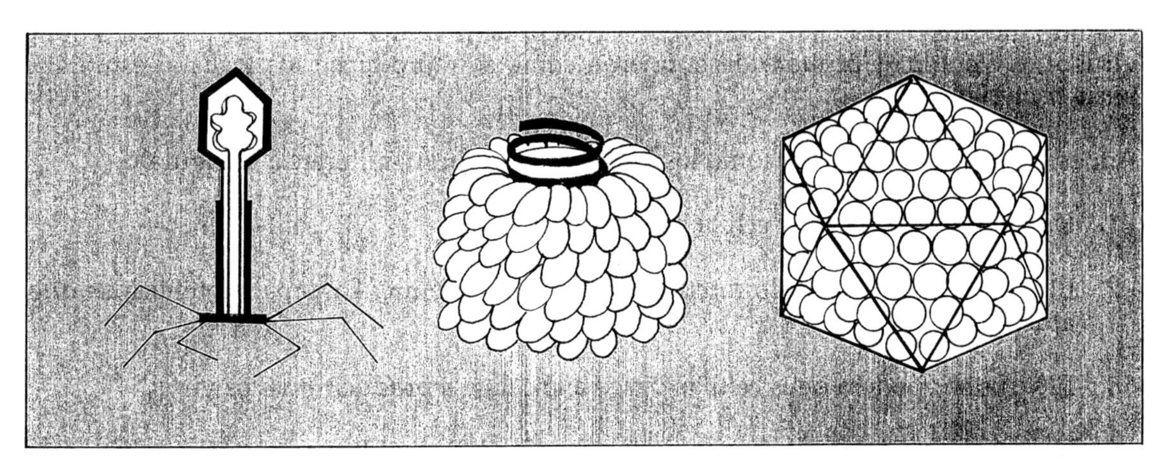

Figura A

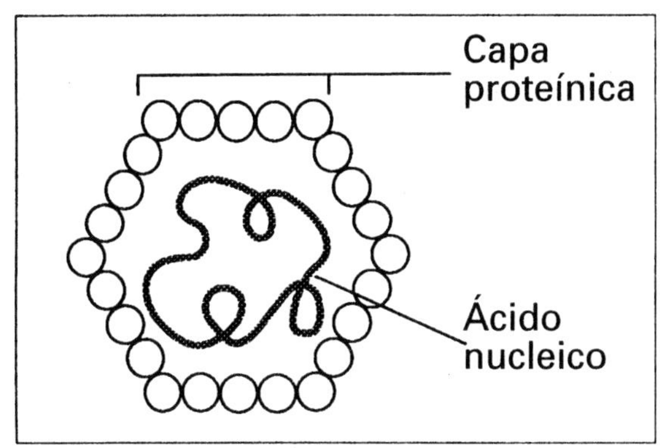

Figura B

1. Las dos partes de un virus son el ______________________ y una ______________________.
2. ¿Qué constituye la mayor parte de un virus? ______________________
3. ¿Qué parte le da al virus su forma? ______________________
4. ¿En qué se difieren los virus de las células vivas? ______________________
5. ¿Qué es la única función de vida que realiza un virus? ______________________
6. ¿Cuál es el único momento en que puede realizar este proceso de vida? ______________________
7. ¿Cómo clasifican los virus la mayoría de los científicos? ______________________
8. ¿Cuáles son los tres grupos principales de virus? ______________________

LA REPRODUCCIÓN DE LOS VIRUS

Cuando un virus entra en una célula, se apodera de la célula y hace que produzca nuevos virus. Los científicos primero descubrieron cómo se reproducen los virus al estudiar los virus bacterianos.

A medida que lees acerca de cómo los virus se reproducen, refiérete a la Figura C.

1. Un virus se sujeta a una célula.
2. El virus se mete el ácido nucleico dentro de la célula. La capa proteínica se queda afuera.
3. El virus se apodera de la célula. Dirige a la célula a producir nuevos virus.
4. Los nuevos virus salen disparados de la célula. Su salida mata la célula. Los nuevos virus atacan otras células.

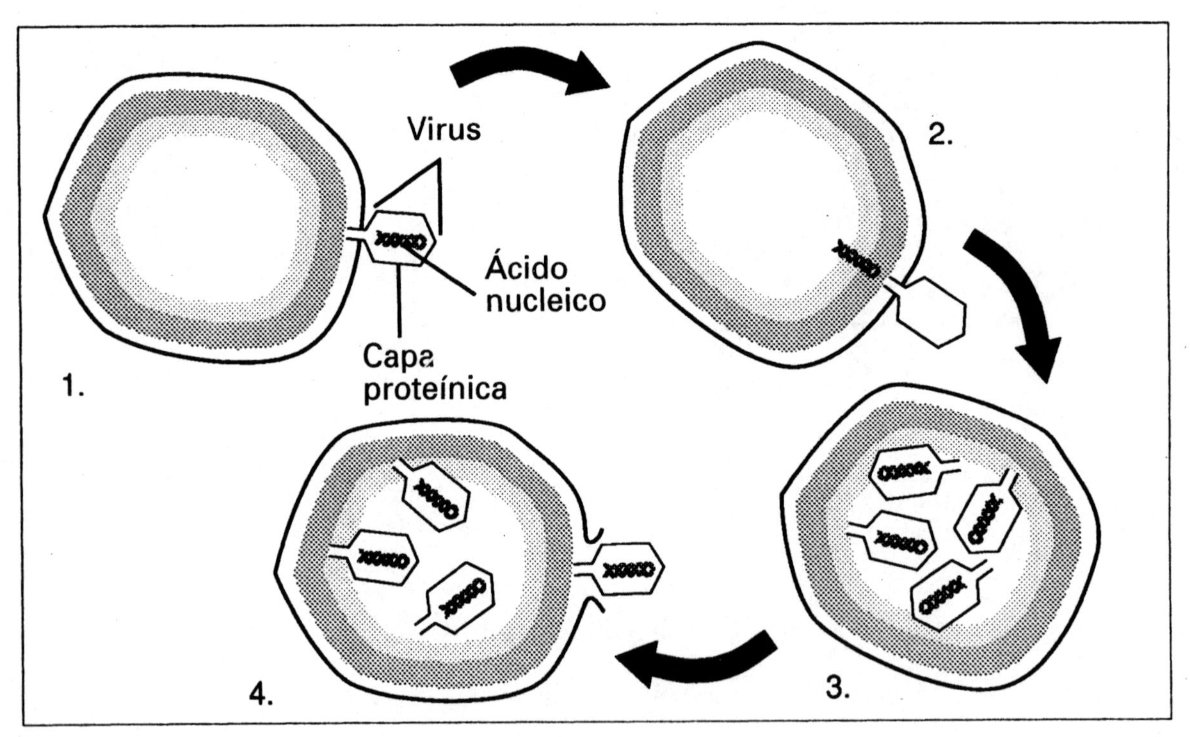

Figura C

COMPLETA LA ORACIÓN

Completa cada oración con una palabra o una frase de la lista de abajo. Escribe tus respuestas en los espacios en blanco. Algunas palabras pueden usarse más de una vez.

enfermedades	reproducción	célula
forma	contagian	capa proteínica
ácido nucleico	animales	más pequeños

1. Los científicos clasifican los virus de acuerdo con los seres vivos que ______________.
2. Un virus es sólo un pedazo de ________________ recubierto de proteína.
3. Algunos virus tienen una ________________ muy rara.
4. La envoltura externa de un virus se llama la ________________.
5. Las capas proteínicas les dan a los virus su ________________.
6. Los tres grupos principales de virus son los bacterianos, los de plantas y los de

   ________________.
7. Los virus son mucho ________________ que las bacterias.
8. Un virus no realiza ninguno de los procesos de vida menos la ________________.

   Sin embargo, sólo puede reproducirse dentro de una ________________ viva.
9. Un virus no tiene las partes de una ________________ .
10. Los virus causan muchas ________________ de plantas y de animales.

CIERTO O FALSO

En los espacios en blanco, escribe "Cierto" si la oración es cierta. Escribe "Falso" si la oración es falsa.

__________ 1. Un virus causa la gripe.

__________ 2. La capa proteínica forma la mayor parte de un virus.

__________ 3. Todos los virus son redondos.

__________ 4. Al reproducirse los virus, la capa proteínica se mete en una célula.

__________ 5. La envoltura externa de un virus consiste en proteína.

__________ 6. El ácido nucleico le da al virus su forma.

__________ 7. Los virus ni ingieren ni digieren alimentos.

__________ 8. Los científicos por primera vez aprendieron cómo los virus se reproducen al estudiar los virus de animales.

MÁS SOBRE LA REPRODUCCIÓN VÍRICA

Empareja las afirmaciones con las etapas que indican cómo se reproducen los virus. Escribe la letra de cada afirmación debajo de la etapa correspondiente.

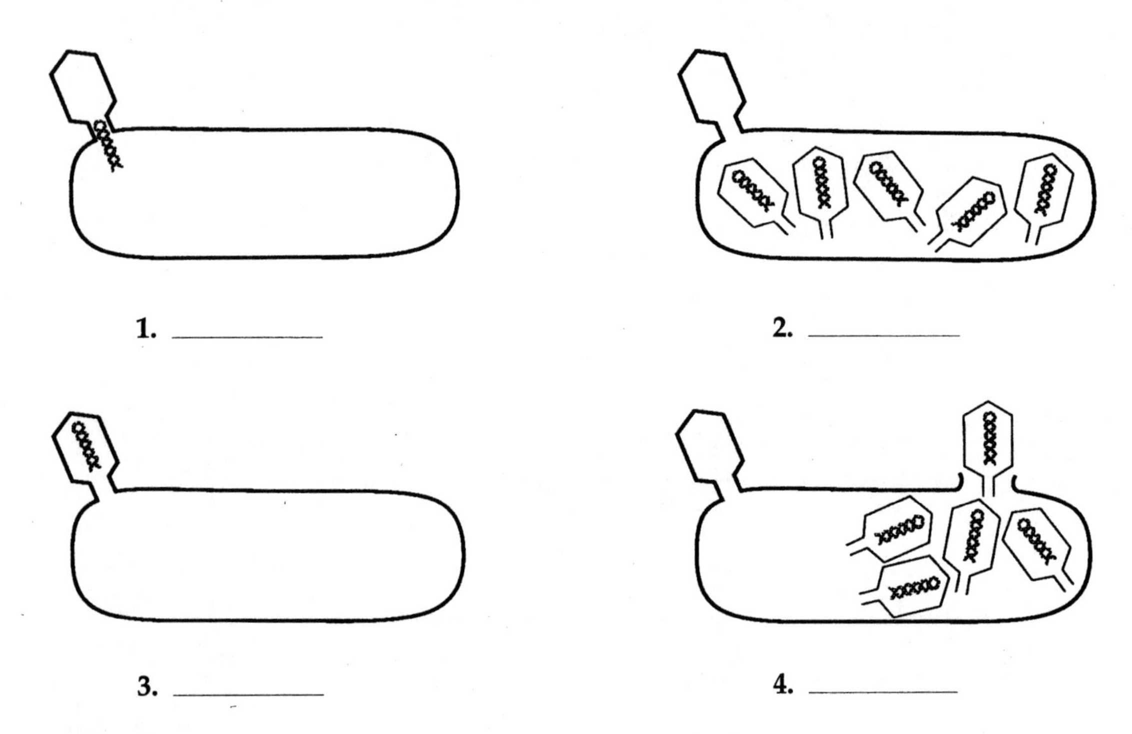

Figura D

a. Un virus bacteriano se sujeta a una célula huésped.
b. El virus se mete el ácido nucleico dentro de la célula.
c. El ácido nucleico del virus dirige a la célula a producir nuevos ácidos nucleicos del virus y nuevas capas proteínicas.
d. Los nuevos virus salen disparados de la célula huésped.

AMPLÍA TUS CONOCIMIENTOS

¿Crees que las infecciones víricas son difíciles de curar? Explica por qué sí o por qué no.

____

____

____

¿Qué son las enfermedades víricas?

16

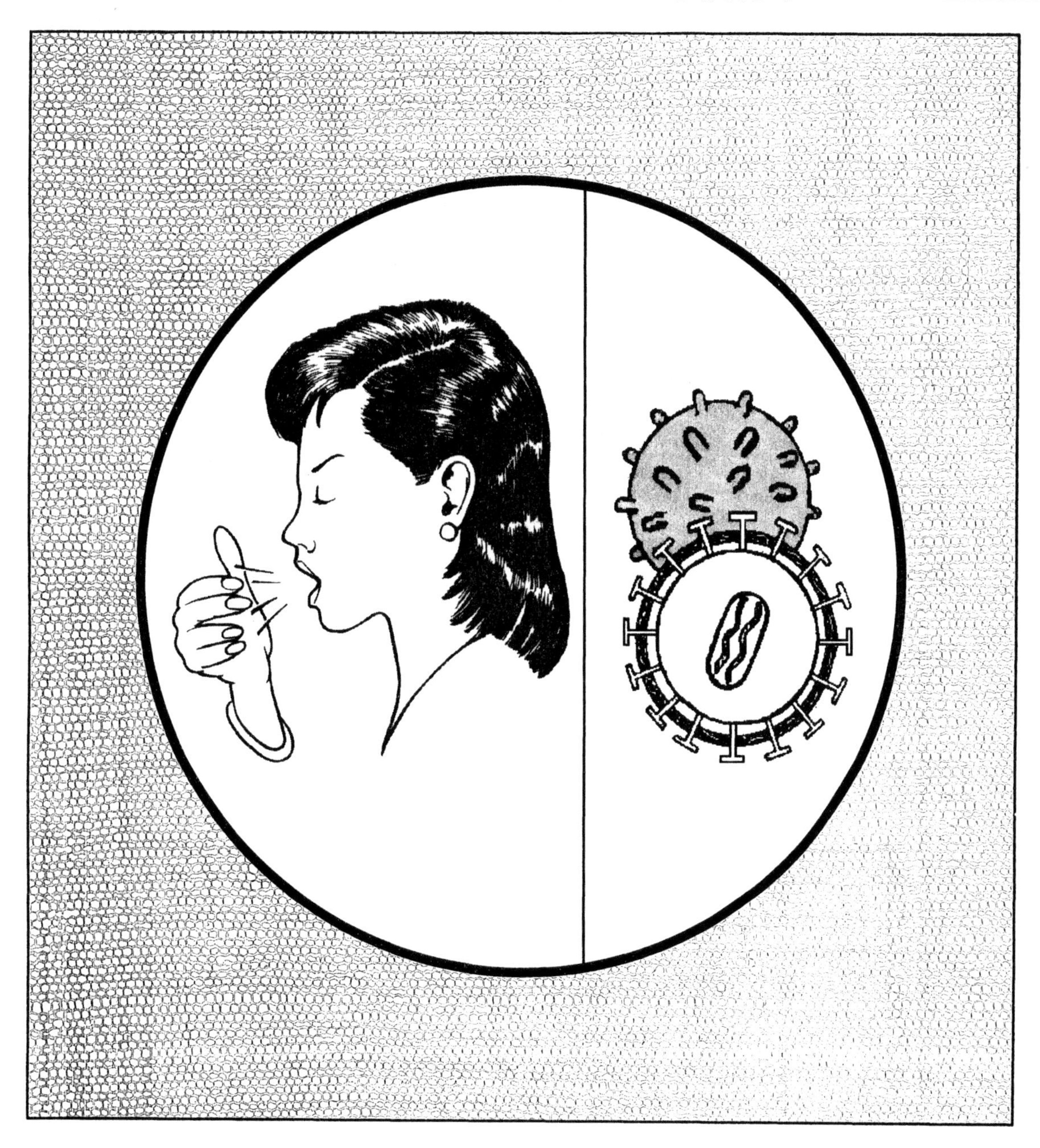

SIDA: enfermedad vírica que ataca el sistema inmunológico de una persona
enfermedad contagiosa: enfermedad vírica que se puede transmitir de una persona a otra
sistema inmunológico: sistema corporal que consiste en células y tejidos que ayudan a una persona a luchar contra enfermedades
enfermedad vírica: enfermedad que resulta cuando los virus (o los gérmenes) entran en el cuerpo

LECCIÓN 16 | ¿Qué son las enfermedades víricas?

Las enfermedades son los grandes enemigos de los seres vivos. Una enfermedad interrumpe las funciones normales de un organismo.

Las enfermedades lastiman o matan a millones de personas al año. Las enfermedades también contagian las plantas y otros animales. Destruyen las cosechas. Matan animales, tales como los ganados y las gallinas.

Los gérmenes que entran en el cuerpo causan algunas enfermedades. Los gérmenes pueden ser bacterias, virus u otros organismos microscópicos. Estas enfermedades se llaman **enfermedades víricas.** La gripe es un ejemplo de una enfermedad vírica. Como aprendiste en la Lección 16, la causa un virus.

Los síntomas de enfermedades aparecen cuando los microbios destruyen las células. La mayoría de las bacterias que causan enfermedades producen venenos que se llaman toxinas. Estas toxinas matan a las células. Algunos microbios viven en las células. Se reproducen tan rápidamente que las células se mueren.

Algunas enfermedades víricas se propagan de una persona a otra. Estos tipos de enfermedades son **enfermedades contagiosas.** ¿Has oído alguna vez a una persona resfriada que decía: "No me acerques. Puedo estar contagioso"? El resfriado, o el catarro, es una enfermedad contagiosa.

Ahora, vamos a examinar algunas de las formas en que se propagan las enfermedades.

- Algunas enfermedades se propagan a través de aire. Cuando una persona contagiada tose o estornuda, los gérmenes se esparcen por el aire.
- Muchas enfermedades se propagan al tomarse alimentos o agua que contienen gérmenes.
- Algunas se propagan mediante contacto con objetos que tienen gérmenes.
- La picadura de un insecto propaga ciertas enfermedades.
- Algunas enfermedades se propagan por el contacto directo con una persona contagiada.

En la tabla a continuación hay una lista de varias enfermedades víricas de los seres humanos. Examina la tabla. Luego, contesta las preguntas de la página siguiente.

ENFERMEDAD	CAUSANTE	SÍNTOMAS
Varicela	Virus	fiebre, dolor de cabeza, erupciones en la piel que forman postillas
Sarampión	Virus	fiebre, erupciones en la piel, sensibilidad a la luz, tos, dolores del cuerpo
Botulismo	Bacterias	vista doble, dolores abdominales, parálisis del corazón y de los pulmones
Malaria	Protozoos	fiebre, escalofríos
Infección de garganta de estreptococo	Bacterias	fiebre, dolor de garganta
Paperas	Virus	fiebre, escalofríos, dolor de cabeza, glándulas hinchadas del cuello y de la garganta
Gripe	Virus	fiebre, escalofríos, dolores del cuerpo [y posiblemente dolor de garganta y tos]
Tiña	Hongos	comezón en la piel
Poliomielitis	Virus	fiebre, dolor de garganta, espalda tiesa, dolor muscular, parálisis
Tétanos	Bacterias	rigidez y tensión de los músculos

1. ¿De cuántas de estas enfermedades has sufrido? ____________________

2. ¿Cuáles de estas enfermedades has tenido? ____________________

3. a) ¿Cuáles son los síntomas de malaria? ____________________

   b) ¿Qué causa la malaria? ____________________

4. ¿Cuáles de las enfermedades de la tabla son causadas por las bacterias?

   ____

5. ¿Cuáles de las enfermedades son causadas por los virus? ____________________

   ____

HACER CORRESPONDENCIAS

Empareja la enfermedad de la Columna A con sus síntomas en la Columna B.

Columna A

_______ 1. la poliomielitis

_______ 2. la varicela

_______ 3. la tiña

_______ 4. el tétanos

_______ 5. las paperas

Columna B

a) fiebre, escalofríos, glándulas hinchadas del cuello y de la garganta

b) fiebre, dolor de cabeza, erupciones de la piel que forman postill

c) fiebre, dolor de garganta, espalda tiesa, dolor muscular, parálisis

d) rigidez y tensión de los músculos

e) comezón en la pielas

LAS ENFERMEDADES DE ANIMALES

Los animales de los ranchos y las granjas, tales como los ganados, los cerdos y las ovejas, se llaman animales domésticos.

Las enfermedades de animales matan más de dos mil millones de dólares de animales domésticos al año, en sólo los Estados Unidos.

Una de las peores enfermedades de animales domésticos es la fiebre aftosa, o la glosopeda. La causa un virus y se propaga muy rápidamente. Se mueren muchos de los animales contagiados.

Un ranchero posiblemente tendría que matar a todos los animales que se acerquen a un animal contagiado para evitar una epidemia. Una epidemia es la propagación de una enfermedad a muchos organismos de un lugar al mismo tiempo.

Figura A

LAS ENFERMEDADES DE PLANTAS

En una época, la cosecha alimenticia más importante de Irlanda fue la papa.

Durante la década de los 1840, una enfermedad fungosa destruyó la cosecha de papas en Irlanda. Entre 1845 y 1847, aproximadamente 750,000 personas murieron de hambre. Centenares de miles de otras personas huyeron del país en busca de alimentos y una nueva vida. Muchas de estas personas vinieron a los Estados Unidos.

Figura B

COMPLETA LA ORACIÓN

Completa cada oración con una palabra o una frase de la lista de abajo. Escribe tus respuestas en los espacios en blanco.

contagiosa	toxinas	tose
propagarse	virus	víricas
insecto	fiebre aftosa	epidemia
estornuda	fungosa	

1. Las enfermedades contagiosas pueden ______________ de una persona a otra.
2. Una de las enfermedades más graves de los animales domésticos es la ______________.
3. Las enfermedades causadas por gérmenes se llaman enfermedades ______________.
4. La picadura de un ______________ propaga algunas enfermedades.
5. La propagación de una enfermedad a muchos organismos de un lugar se llama una ______________.
6. La mayoría de las bacterias que causan enfermedades producen ______________.
7. La "hambruna de las papas" de Irlanda en los años de 1840 la causó una enfermedad ______________.
8. Los ______________ causan la gripe.
9. Cuando una persona contagiada ______________ o ______________, se esparcen los gérmenes por el aire.
10. El catarro común es una enfermedad ______________.

CIERTO O FALSO

En los espacios en blanco, escribe "Cierto" si la oración es cierta. Escribe "Falso" si la oración es falsa.

__________ 1. El catarro común no es una enfermedad contagiosa.

__________ 2. Las bacterias causan la tiña.

__________ 3. Las enfermedades lastiman o matan a millones de personas al año.

__________ 4. Las enfermedades víricas sólo contagian los animales.

__________ 5. Los gérmenes pueden ser bacterias, virus, protozoos u hongos.

__________ 6. Los virus causan todas las enfermedades víricas.

__________ 7. La fiebre aftosa es una de las peores enfermedades de los seres humanos.

__________ 8. La malaria es una enfermedad vírica.

__________ 9. Muchas enfermedades se propagan al tomar alimentos o agua que contienen gérmenes.

__________ 10. Tapar la boca cuando toses ayuda a evitar la propagación de los gérmenes.

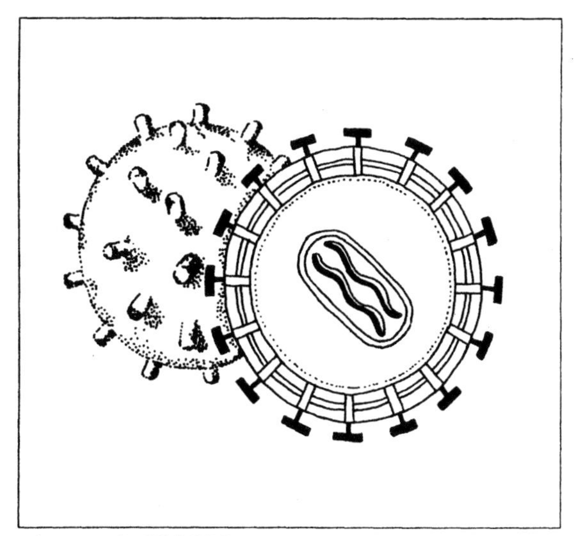

Figura C *El VIH*

Sabes que los virus causan muchas enfermedades. Un virus en particular, que se llama el VIH, ataca el **sistema inmunológico** de una persona. Un sistema inmunológico consiste en las células y los tejidos que luchan contra las enfermedades.

El virus del VIH causa una enfermedad que se llama el síndrome de inmuno-deficiencia adquirida, o sea, el **SIDA.**

Puesto que el VIH ataca el sistema inmunológico, una persona contagiada de SIDA pierde la capacidad para luchar contra las enfermedades. La persona se contagia de las enfermedades contra las cuales una persona sana puede luchar.

¿CÓMO SE PROPAGA EL SIDA?

Las personas contagiadas del SIDA tienen el VIH en la sangre y en los fluidos del cuerpo. Para contagiarse del VIH, hay que intercambiar fluidos del cuerpo con los de una persona contagiada.

Este virus causado por el VIH puede entrar en la sangre por medio de contacto sexual con una persona contagiada del SIDA. También se propaga por las personas que abusan de las drogas intravenosas y que usan agujas hipodérmicas contaminadas. Una tercera forma en que el VIH entra en la sangre es por medio de una transfusión de sangre en que se transfunde la sangre contaminada. Sin embargo, la mayor parte de la sangre en los Estados Unidos se somete a pruebas para el VIH.

LA CURA PARA EL SIDA

Hasta la fecha, no existe una cura para el SIDA que se sepa. Es una enfermedad mortal.

Los científicos están investigando maneras de atender a los pacientes del SIDA y hacer sus sistemas inmunológicos más resistentes. También están investigando una vacuna contra el SIDA.

MANERAS DE CONTAGIARSE DEL SIDA

Pon una marca al lado de cada afirmación que describa una manera en que una persona puede contagiarse del virus del SIDA.

________ **1.** de la mordida de un perro

________ **2.** por el intercambio de fluidos del cuerpo con una persona contagiada

________ **3.** por el contacto sexual con una persona contagiada

________ **4.** de la picadura de un zancudo

________ **5.** por el contacto informal con una persona contagiada

________ **6.** por una aguja hipodérmica contaminada

Contesta estas preguntas.

1. ¿Qué es el SIDA? ____

____

2. ¿Qué significan las letras de la palabra "SIDA"? ____________________

____

3. ¿Cómo se llama el virus que causa el SIDA? ________________________

4. ¿Qué es el sistema inmunológico? ______________________________

____

5. ¿Por qué son las enfermedades, contra las que una persona sana puede luchar, a veces mortales para una persona contagiada del SIDA? ____________________

____

¿Qué son las enfermedades no contagiosas?

17

enfermedades no contagiosas: enfermedades no causadas por los gérmenes y que no se propagan de persona a persona

LECCIÓN 17 ¿Qué son las enfermedades no contagiosas?

En la Lección 16, aprendiste que los gérmenes causan las enfermedades víricas o contagiosas. ¿Pero qué de las otras enfermedades, como las del corazón? Éstas también son enfermedades. Sin embargo, los gérmenes no las causan. Se llaman **enfermedades no contagiosas.**

Una enfermedad no contagiosa no se propaga de persona en persona. Algunas enfermedades no contagiosas duran mucho tiempo o se reaparecen. Estas clases de enfermedades se llaman enfermedades crónicas. El cáncer es un ejemplo de una enfermedad crónica.

Hay muchos grupos de enfermedades no contagiosas. Algunas de las principales enfermedades no contagiosas se nombran a continuación.

LAS ENFERMEDADES DEL CORAZÓN son la causa principal de la muerte en los Estados Unidos. Las enfermedades del corazón (cardíacas) principian y se desarrollan al congestionarse de alguna forma la circulación normal de la sangre por el corazón o el cuerpo. Algunas manifestaciones de enfermedades del corazón incluyen los ataques cardíacos, los ataques de apoplejía y la alta presión de la sangre (la hipertensión).

EL CÁNCER resulta del crecimiento incontrolado de ciertas células en el cuerpo. Las células del cáncer destruyen los tejidos normales. Si no se tratan, la mayoría de las clases del cáncer ocasionan la muerte. Sin embargo, se puede tratar muchas formas del cáncer si se descubren con suficiente tiempo.

LA ARTRITIS es un término general para las condiciones que afligen a las articulaciones. La artritis ocasiona dolor e hinchazones en muchas articulaciones del cuerpo. Puedes pensar que la artritis aparece en las personas de mayor edad. Algunas formas sí, pero otras formas ocurren en personas de todas las edades.

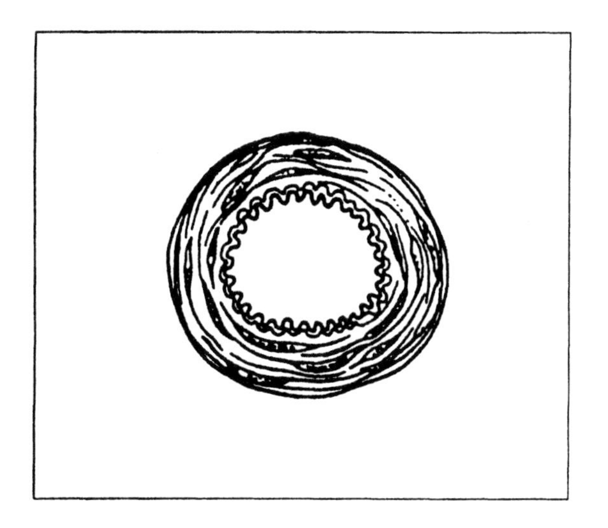

Figura A *Una arteria sana*

En una clase de enfermedades del corazón, unas sustancias grasosas se acumulan. Se acumulan en las paredes de las arterias. Una de estas sustancias grasosas es el colesterol. El colesterol es una sustancia grasosa que se encuentra en los productos animales.

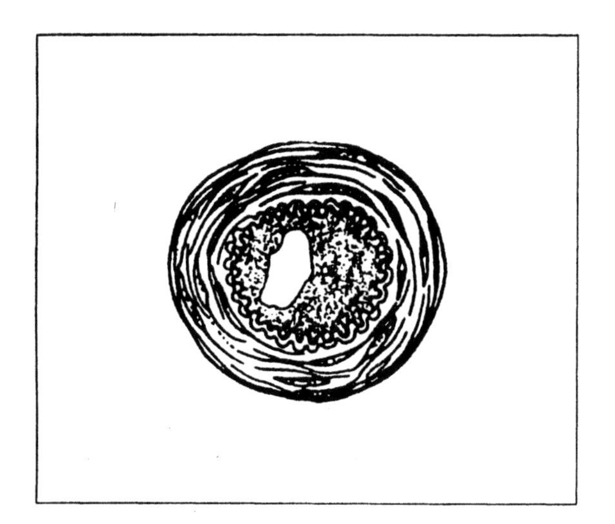

Figura B *Una arteria enferma*

Al acumularse o aglomerarse la grasa en una arteria, la arteria se hace más estrecha y se reduce. Esta reducción hace que el corazón trabaje aún más duro. El corazón tiene que hacer más esfuerzo para impulsar la sangre a través de las arterias estrechas.

LOS ATAQUES CARDÍACOS Y DE APOPLEJÍA

Algunas veces, las arterias que conducen al corazón se congestionan. Así, no dejan pasar los alimentos y el oxígeno hasta el corazón. Entonces, el corazón no puede hacer su trabajo. Esto se llama un ataque cardíaco.

Si se congestionan las arterias que van al cerebro, los alimentos y el oxígeno no pueden llegar al cerebro. Esto se llama un ataque de apoplejía.

¿PUEDES EVITAR LAS ENFERMEDADES DEL CORAZÓN?

¿Crees que las enfermedades del corazón se pueden evitar? Los científicos han descubierto que hay varias cosas que aumentan la probabilidad de sufrir una enfermedad del corazón. Algunas de estas cosas no se pueden cambiar. En cambio, hay otras que se pueden controlar.

Examina la tabla de abajo. Enseña los factores principales que llevan a las enfermedades del corazón. Luego, contesta las preguntas debajo de la tabla.

LOS FACTORES CONTRIBUYENTES A LAS ENFERMEDADES DEL CORAZÓN

- la edad (los riesgos aumentan con la edad)
- la historia familiar (ocurre en familias)
- el sexo (los riesgos son mayores para hombres que para mujeres)
- el fumar
- la alta presión de la sangre
- la obesidad
- la inactividad física
- los altos niveles de colesterol

1. ¿Cuáles son los factores que crees que no se pueden controlar? ____________

____

2. ¿Cuáles son los factores que se pueden controlar? ____________

____

CIERTO O FALSO

En los espacios en blanco, escribe "Cierto" si la oración es cierta. Escribe "Falso" si la oración es falsa.

________ **1.** El corazón se esfuerza mucho más para impulsar la sangre a través de arterias estrechas.

________ **2.** El colesterol es una sustancia grasosa que se encuentra en los productos vegetales.

________ **3.** Hay varios factores de riesgo para las enfermedades del corazón.

________ **4.** Cuando se congestionan las arterias al corazón, sucede un ataque de apoplejía.

________ **5.** Los ataques al corazón y los de apoplejía son las únicas enfermedades cardíacas.

________ **6.** Fumar aumenta tus riesgos de sufrir enfermedades cardíacas.

________ **7.** Las arterias transportan alimentos y oxígeno al corazón.

________ **8.** El riesgo para padecer de enfermedades cardíacas aumenta con la edad.

________ **9.** Puedes controlar todos los factores de riesgo para las enfermedades del corazón.

________ **10.** Las mujeres corren más peligro que los hombres de sufrir las enfermedades del corazón.

MÁS SOBRE EL CÁNCER

Normalmente, las células del cuerpo se dividen y crecen de una forma ordenada. A veces el crecimiento se desenfrena. Las células crecen desordenadamente. Las células forman una masa, o un bulto, que se llama un tumor.

Hay dos clases de tumores:

LOS TUMORES BENIGNOS crecen en un solo lugar. Los tumores benignos no se dispersan a otras partes. Generalmente, no causan problemas graves.

LOS TUMORES MALIGNOS se dispersan a otras partes del cuerpo. Al dispersarse un tumor maligno, hace daño al cuerpo. Si no se detiene su crecimiento, una persona que tiene un tumor maligno puede morirse. Se dice que una persona que tiene un tumor maligno sufre del cáncer.

Los científicos no están seguros de los causantes de todos tipos de cáncer. Pero sí saben que ciertas cosas causan el cáncer o aumentan la posibilidad que una persona contraiga el cáncer. Algunas de estas cosas son fumar, radiografías y demasiada luz del sol.

LAS SEÑALES TEMPRANAS DEL CÁNCER

Cuánto más pronto que se descubra el cáncer, más se aumenta la posibilidad de que la persona sobreviva. En la tabla de abajo hay una lista de las siete señales del peligro del cáncer. Una persona que muestra cualquiera de estas señales debe consultarse con un médico inmediatamente.

1. Una lesión que no se cura
2. La sangría fuera de lo normal
3. Una hinchazón o un bulto en el pecho u otra parte debajo de la piel
4. La indigestión continua o problemas de tragar
5. La tos persistente
6. Un cambio de tamaño, forma o color de una verruga o un lunar
7. Un cambio en el régimen de los intestinos o de la vejiga

HACER CORRESPONDENCIAS

Empareja cada término de la Columna A con su descripción en la Columna B. Escribe la letra correcta en el espacio en blanco.

	Columna A	Columna B
______	**1.** el cáncer	**a)** una masa inocua de células
______	**2.** un tumor benigno	**b)** cualquier masa o bulto de células
______	**3.** un tumor	**c)** crecimiento de células rápido e incontrolado
______	**4.** un tumor maligno	**d)** masa dañina de células que puede dispersarse a través del cuerpo
______	**5.** la luz del sol	**e)** causa posible del cáncer de la piel

LAS SEÑALES DEL PELIGRO DE CÁNCER

Pon una marca junto a cada descripción que indica una de las siete señales del peligro de cáncer.

_________ **1.** sangría fuera de lo normal

_________ **2.** sed

_________ **3.** tos persistente

_________ **4.** lesión que no se cura

_________ **5.** hambre continua

_________ **6.** cambio del tamaño de un lunar

_________ **7.** cambios del color de un lunar

_________ **8.** bulto debajo de la piel

_________ **9.** insomnio

_________ **10.** indigestión continua

Examina los dibujos. Pon una marca debajo de cada dibujo que muestra una causa posible del cáncer.

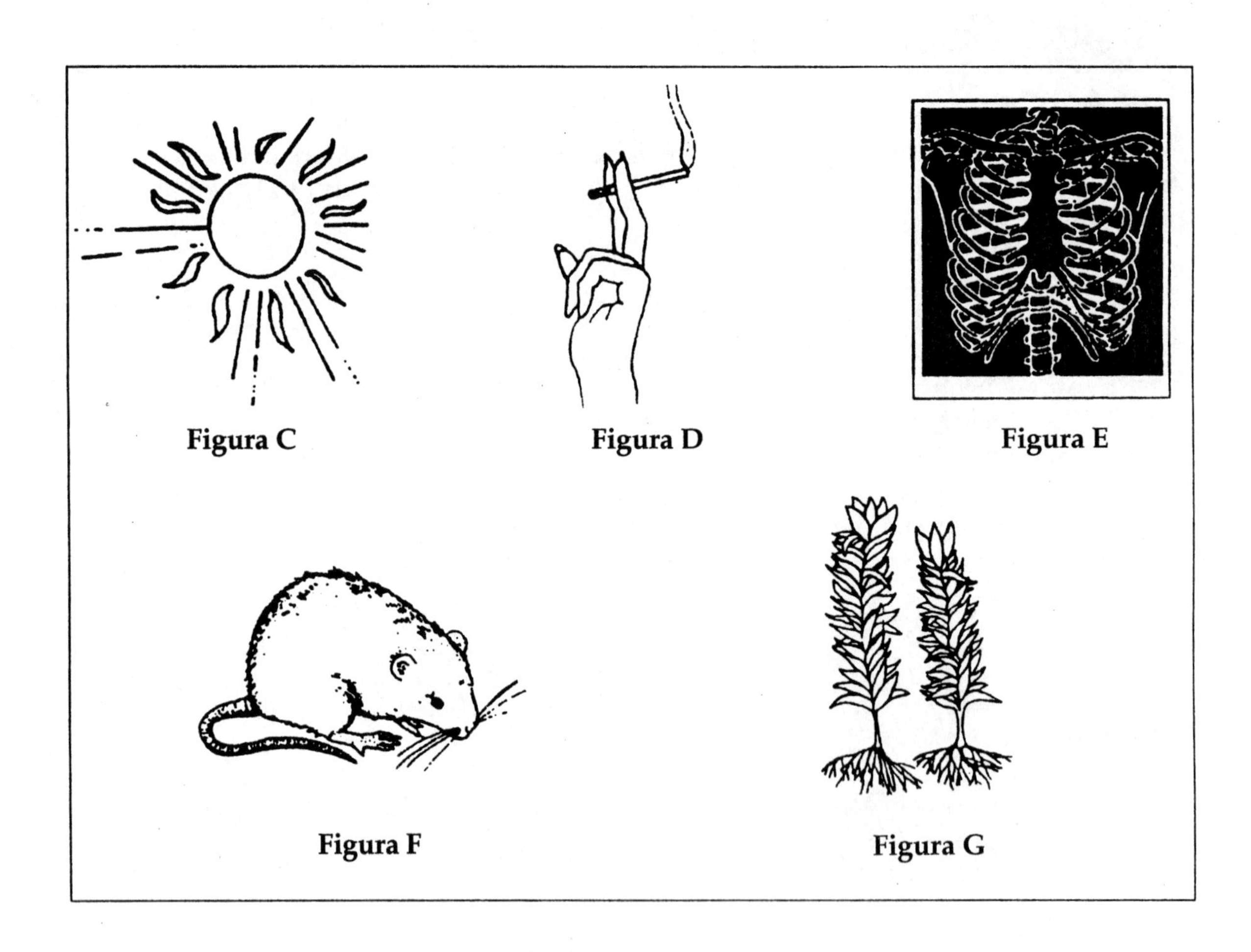

Figura C **Figura D** **Figura E**

Figura F **Figura G**

ALGUNAS OTRAS ENFERMEDADES NO CONTAGIOSAS

Las enfermedades cardíacas, el cáncer y la artritis son sólo tres de las muchas enfermedades no contagiosas. A continuación se describen otros grupos de enfermedades no contagiosas.

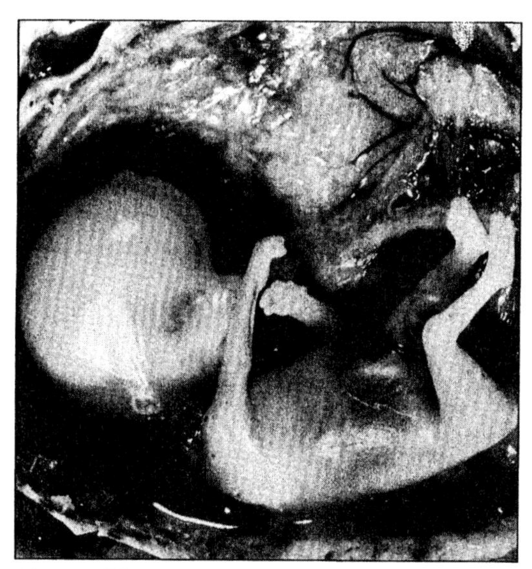

Figura H

Algunas enfermedades e impedimentos están presentes desde el nacimiento. Éstas incluyen los problemas del corazón, de los pulmones y de los ojos; los trastornos de la sangre; la hemofilia; las deformidades de los huesos; y el retraso mental.

Algunas enfermedades congénitas las transmiten los genes. Son hereditarias. Sin embargo, otras resultan de un ambiente poco saludable antes del nacimiento. Por ejemplo, algunos bebés nacen con muchos problemas si sus padres se abusan de las drogas.

ENFERMEDADES DE CARENCIA NUTRITIVA

Otras clases de enfermedades resultan de una mala dieta. Éstas se llaman enfermedades de carencia nutritiva. En la tabla que sigue hay una lista de algunas enfermedades de carencia nutritiva.

ENFERMEDADES DE CARENCIA NUTRITIVA		
ENFERMEDAD	**SÍNTOMAS**	**CAUSADA POR CARENCIA DE**
anemia	falta de energía	vitaminas B_6 o B_{12}; hierro
escorbuto	encías dolorosas	vitamina C
raquitismo	huesos y dientes blandos	vitamina D; calcio
ceguera nocturna	dificultad de ver en la oscuridad	vitamina A
bocio	hinchazón de la glándula tiroides	yodo

COMPLETA LA ORACIÓN

Completa cada oración con una palabra o una frase de la lista de abajo. Escribe tus respuestas en los espacios en blanco.

grasosa	articulaciones	tumor
cerebro	genes	corazón
células	nacimiento	vitamina C
estrechas		

1. La artritis es un término para las condiciones que afligen a las ________________ .
2. Un ataque de apoplejía sucede cuando se congestionan las arterias al ________________.
3. Un ________________ benigno generalmente no es un problema grave.
4. Las enfermedades del ________________ son la causa principal de la muerte en los Estados Unidos.
5. Los ________________ transmiten algunas enfermedades congénitas.
6. Las enfermedades congénitas están presentes desde el ________________ .
7. El colesterol es una sustancia ________________ .
8. El corazón se esfuerza más para impulsar la sangre a través de arterias

   ________________ .
9. La carencia de la ________________ en la dieta causa el escorbuto.
10. El cáncer resulta cuando las ________________ crecen y se dividen de forma incontrolada.

AMPLÍA TUS CONOCIMIENTOS

En muchos alimentos se anuncia que son libres del colesterol o que tienen bajos niveles de colesterol. ¿Por qué crees que las compañías usan esto para vender sus productos? ________________________________

____

____

____

____

____

Figura I *"LIBRE DE GRASA; LIBRE DE COLESTEROL; con menos de 100 calorías la ración"*

¿Cómo se protege el cuerpo contra las enfermedades? 18

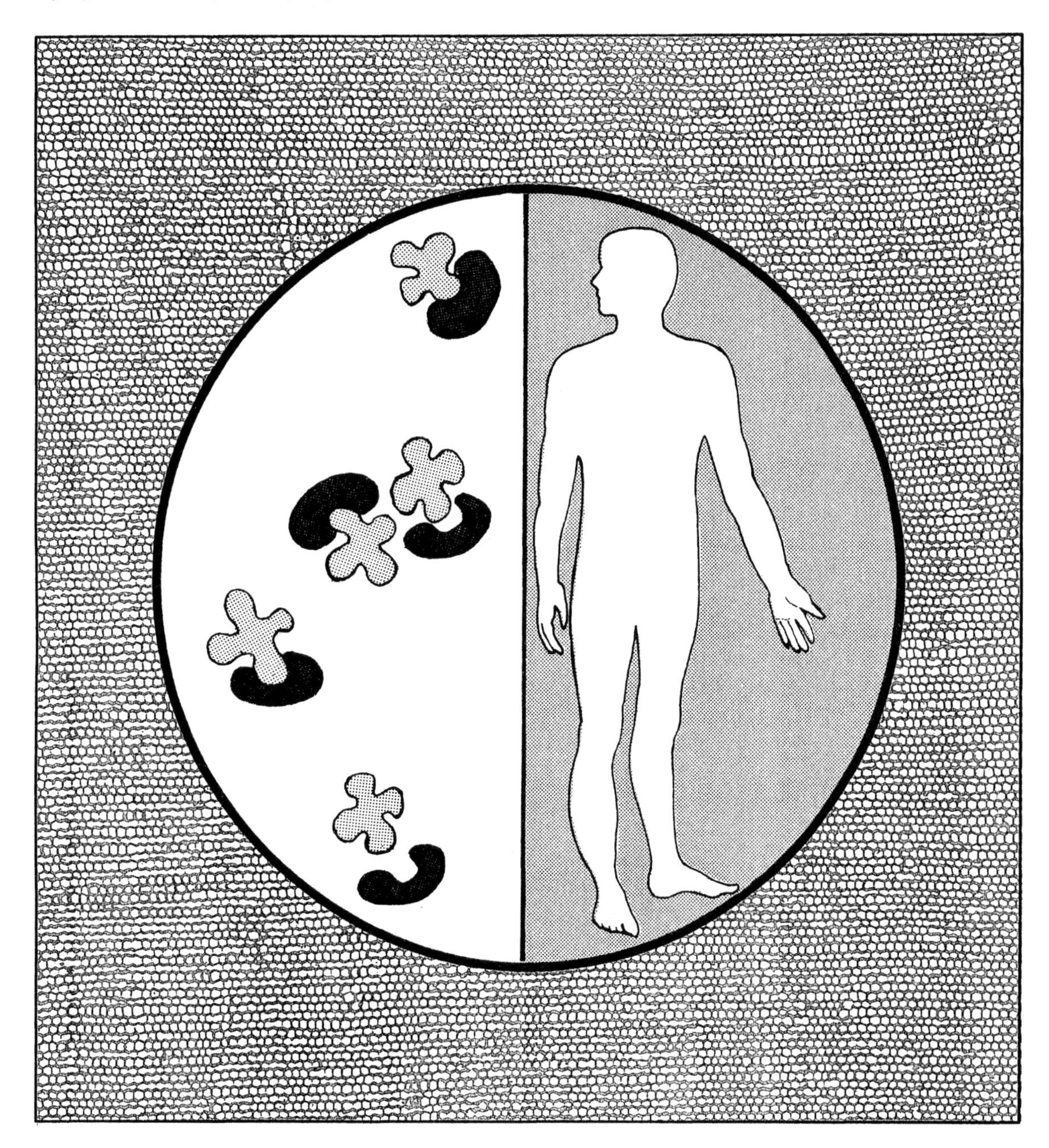

anticuerpos: proteínas producidas por el cuerpo que matan los gérmenes
cilios: estructuras diminutas como pelitos
inmunidad: resistencia a una enfermedad determinada
mucosa: sustancia pegajosa que atrapa los gérmenes
glóbulos blancos de la sangre: células que protegen al cuerpo contra enfermedades

LECCIÓN 18 ¿Cómo se protege el cuerpo contra las enfermedades?

Tu cuerpo sufre ataques continuos de los virus, las bacterias y otros gérmenes. Sin embargo, el cuerpo generalmente puede protegerse contra las enfermedades. Tiene defensas contra los gérmenes.

La piel es la primera línea para la defensa del cuerpo. La piel es una barrera contra el agua y los gérmenes y recubre todo el cuerpo. La piel sirve como un muro defensivo para impedir que entren los gérmenes.

La boca y la nariz son dos lugares por donde entran en el cuerpo los gérmenes. El interior de la nariz está forrada de pelitos pequeños y de un líquido pegajoso que se llama la **mucosa.** Los pelitos filtran el polvo y el polen del aire. La mucosa atrapa los gérmenes (generalmente las bacterias) y también el polvo y el polen.

El esófago, igual que la nariz, está forrado de la mucosa. También está forrado de pelitos muy pequeños (microscópicos) que se llaman **cilios.** Los cilios siempre se mueven en la dirección hacia afuera. La mucosa atrapa muchas sustancias dañinas. Los cilios los barren hacia afuera. La tos y los estornudos también ayudan a expulsar los gérmenes del cuerpo.

Ahora, imagínate que los gérmenes logran evitar las primeras defensas. ¿Qué sucede? Los **glóbulos blancos de la sangre** empiezan a trabajar. El trabajo de los glóbulos blancos de la sangre es matar los gérmenes que puedan hacer daño al cuerpo. Los glóbulos blancos especiales encierran los gérmenes y los digieren.

El cuerpo tiene más de una línea para la defensa. El cuerpo puede producir sustancias químicas que matan los gérmenes. Estas sustancias se llaman **anticuerpos.** Los anticuerpos se apiñan con los gérmenes y los matan.

En la Lección 17 aprendiste que el sistema inmunológico consiste en tejidos y células que luchan contra las enfermedades. El sistema inmunológico está encargado de reconocer los gérmenes y de producir los anticuerpos.

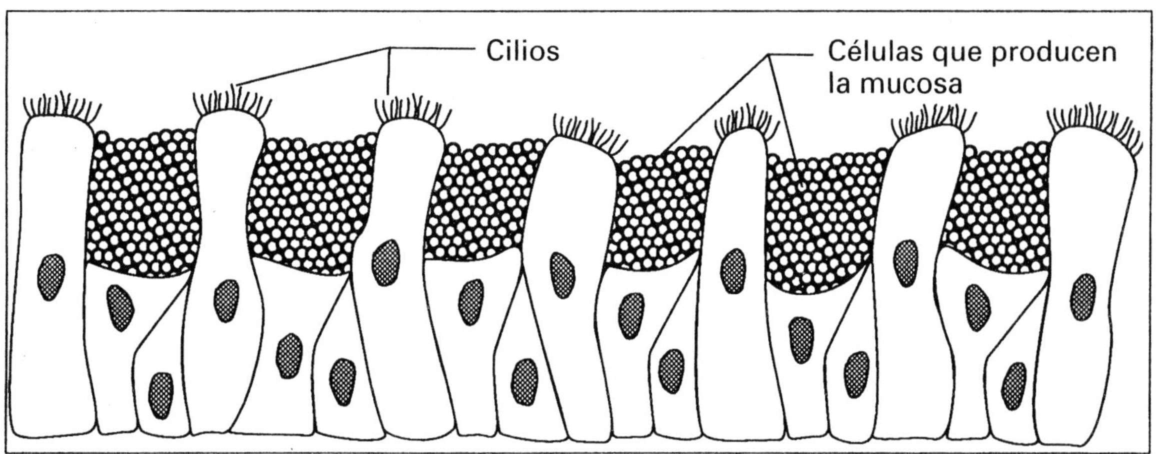

Figura A *Los cilios y la mucosa en la nariz forman parte de la primera línea defensiva del cuerpo.*

1. La nariz está forrada de pequeños ____________ y un líquido pegajoso que se llama ____________.

2. Los pelitos y la mucosa filtran y atrapan los ____________ , el ____________ y el ____________.

3. El polvo y el polen atrapados hacen "cosquillas" en la nariz. Esto nos hace ____________.

4. ¿Cómo nos ayudan a luchar contra las enfermedades los estornudos y la tos?

____

5. ¿Por qué debes "taparte" siempre que estornudas o toses? ____________

____

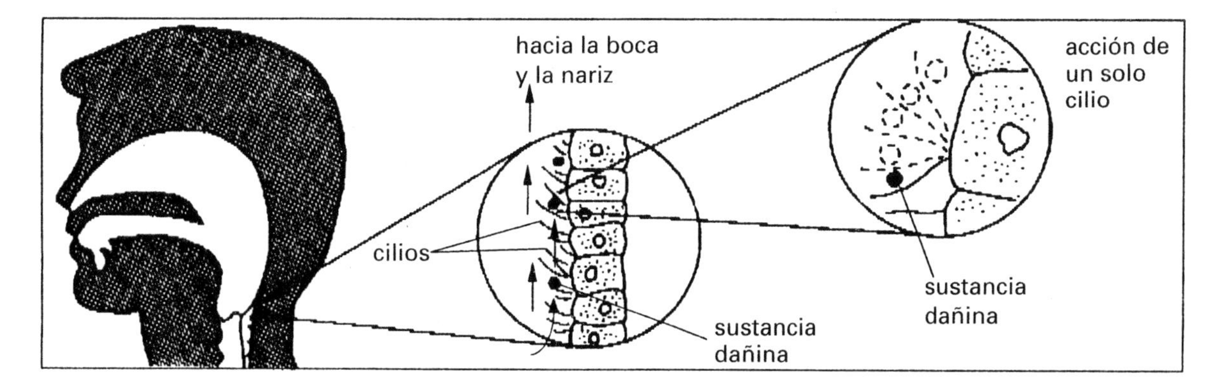

Figura B

6. Las sustancias dañinas que llegan al esófago las atrapa la ____________.

7. Los pelitos microscópicos que se llaman ____________ las barren hacia afuera.

8. Los cilios en el esófago siempre se mueven hacia ____________.
los pulmones, la boca y la nariz

Examina los dibujos siguientes. Luego, contesta las preguntas.

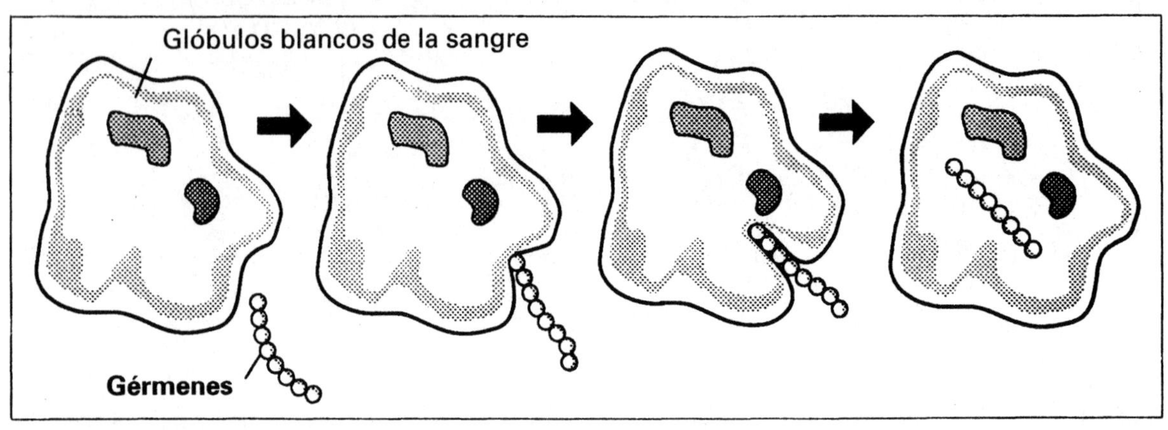

Figura C

1. ¿Cuáles son las células de la sangre que luchan contra las enfermedades? ____________

   ____

2. ¿Qué está sucediendo en la Figura C? ____________________________

   ____

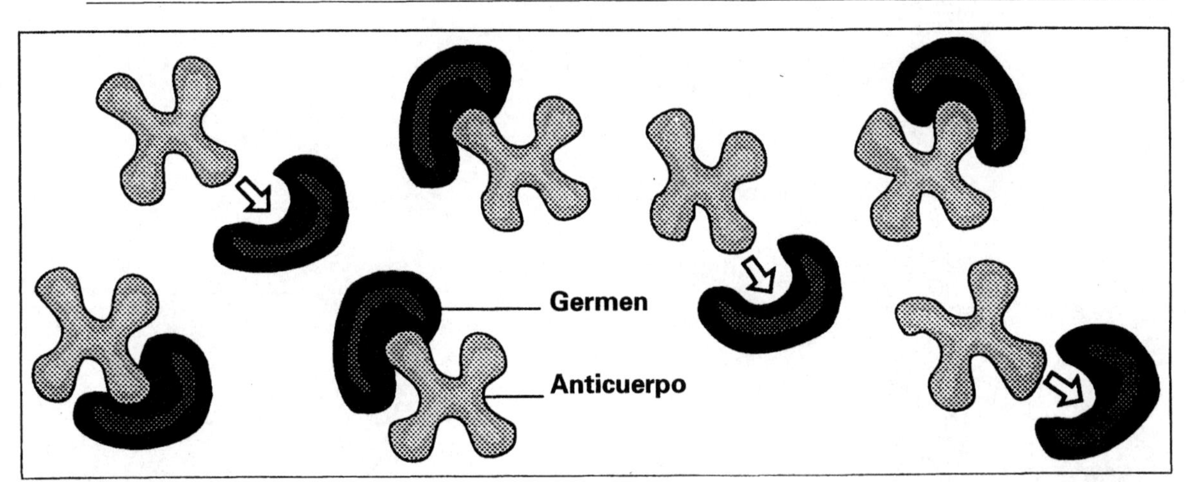

Figura D

3. ¿Cuáles son las sustancias que el cuerpo produce para luchar contra los gérmenes?

   ____

4. ¿Qué está sucediendo en la Figura D? ____________________________

   ____

5. ¿Cuál es el sistema del cuerpo encargado de producir los anticuerpos? ____________

   ____

COMPLETA LA ORACIÓN

Completa cada oración con una palabra o una frase de la lista de abajo. Escribe tus respuestas en los espacios en blanco. Algunas palabras pueden usarse más de una vez.

pegajoso	sistema inmunológico	defensas
hacia afuera	anticuerpos	gérmenes
filtran	piel	encierran

1. El cuerpo tiene ________________ contra las enfermedades.
2. El sistema inmunológico produce ________________ .
3. Los cilios siempre se mueven en la dirección ________________.
4. La ________________ sirve como un muro que prohíbe el paso a los gérmenes.
5. Los glóbulos blancos de la sangre matan ________________ que entran en el cuerpo.
6. Las células y los tejidos que luchan contra enfermedades forman el ________________ .
7. Los pelitos en la nariz ________________ el aire.
8. Algunos glóbulos blancos ________________ los gérmenes para matarlos.
9. Sustancias químicas que se llaman ________________ se apiñan con los gérmenes y los matan.
10. La mucosa es un líquido ________________.

COMPLETA LA TABLA

Completa la tabla al describir cómo cada parte del sistema defensivo del cuerpo ayuda a proteger al cuerpo contra gérmenes dañinos.

Defensas del cuerpo contra las enfermedades		
	Defensa	**Cómo funciona**
1.	La piel	
2.	La nariz	
3.	Los cilios y la mucosa	
4.	Los glóbulos blancos de la sangre	
5.	Los anticuerpos	

Los anticuerpos matan los gérmenes. Después de matar los gérmenes, muchos de los anticuerpos se quedan. Si el mismo tipo de germen vuelve a entrar en el cuerpo, los anticuerpos están "listos y en espera". Matan los gérmenes antes de que puedan hacer daño. El cuerpo se ha puesto resistente.

La resistencia a ciertas enfermedades se llama la **inmunidad**.

Hay dos clases de inmunidad: la inmunidad natural y la inmunidad adquirida.

- La inmunidad natural es la inmunidad con la que naces. Es la defensa natural del cuerpo contra las enfermedades.
- La inmunidad adquirida es la inmunidad que consigues o que se desarrolla durante tu vida.

Hay varias maneras en que puedes adquirir, o conseguir, la inmunidad.

- Te pueden dar una inyección de anticuerpos contra una enfermedad determinada.
- Los bebés en desarrollo adquieren anticuerpos de sus madres antes de nacer.
- Una vez que hayas tenido cierta enfermedad, tu cuerpo sigue produciendo los anticuerpos contra esa enfermedad. ¿Has tenido alguna vez la varicela? Si dices que sí, entonces ahora tienes inmunidad contra la varicela.
- Te pueden poner una vacuna.

Las vacunas nos ayudan a evitar enfermedades específicas, tales como la poliomielitis y el sarampión. Una vacuna consiste en específicos microbios muertos o debilitados que causan enfermedades.

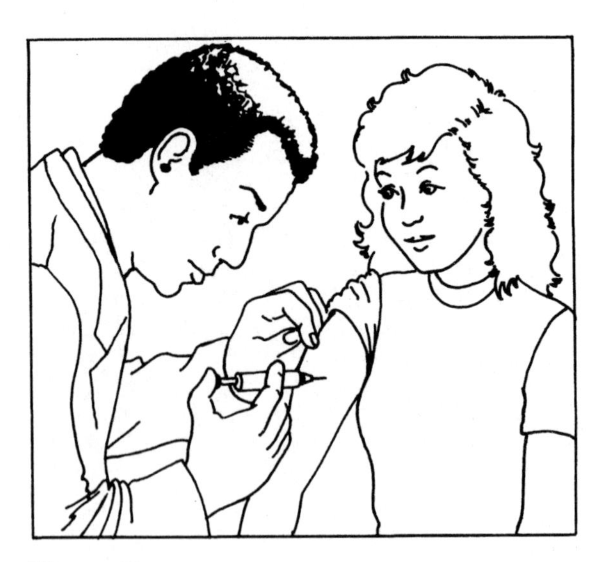

Figura E

¿Cómo funciona una vacuna? La vacuna entra en el cuerpo por medio de una inyección o un rasguño o al tragarla. Sirve de señal al cuerpo que éste produzca los anticuerpos.

Un individuo que se vacuna se hace resistente a una enfermedad específica. Pero puede que una revacunación sea necesaria después de cierto período para mantener la inmunidad en pie.

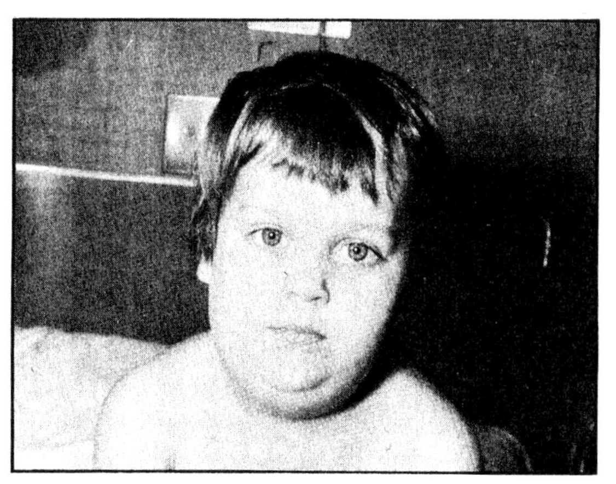

Figura F

Las paperas son una infección de las glándulas salivales. ¿Has tenido alguna vez las paperas?

En una época, muchos niños padecían de las paperas. Pero ahora, menos niños tienen esta infección porque han sido vacunados contra la enfermedad.

SIGUE LA BÚSQUEDA

La búsqueda para formular nuevas vacunas nunca se detiene. Hay esfuerzos especiales para formular vacunas contra el cáncer y el SIDA.

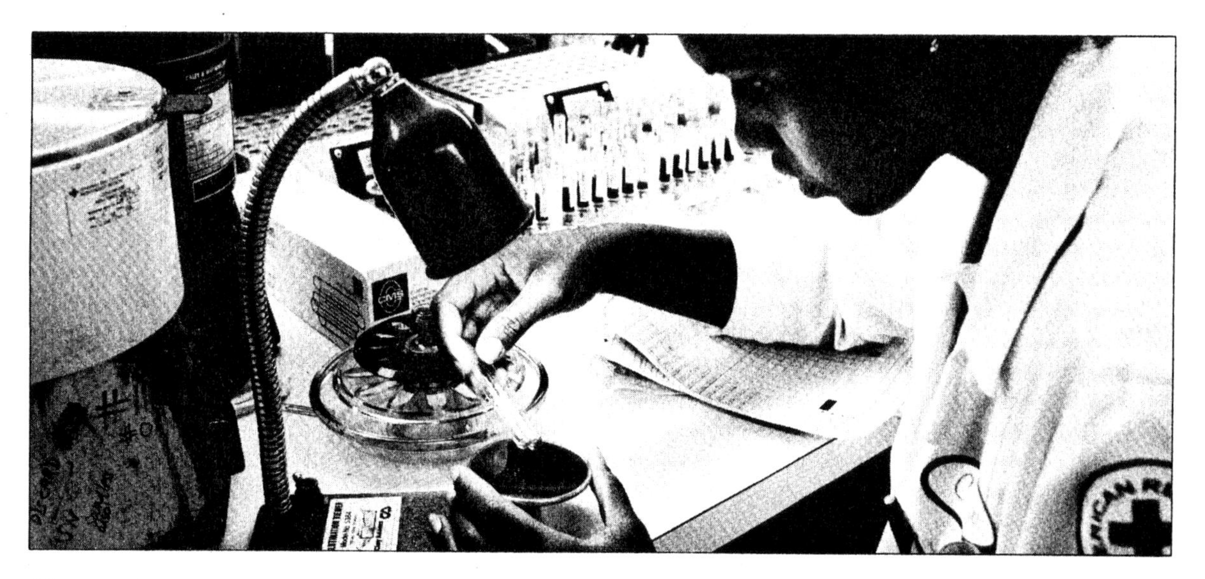

Figura G

CIERTO O FALSO

En el espacio en blanco, escribe "Cierto" si la oración es cierta. Escribe "Falso" si la oración es falsa.

________ **1.** La inmunidad adquirida es la inmunidad con la que naces.

________ **2.** Las vacunas ayudan a impedir la poliomielitis y el sarampión.

________ **3.** La resistencia a cierta enfermedad se llama la inmunidad.

________ **4.** Una forma de adquirir inmunidad es recibir una inyección de anticuerpos.

________ **5.** Hay vacunas para todas las enfermedades.

________ **6.** Sólo se dan vacunas por medio de inyecciones.

________ **7.** Una vacuna te hace contraer una enfermedad.

________ **8.** Para mantener la inmunidad contra algunas enfermedades, puede que sea necesaria una revacunación.

________ **9.** Las personas nacen con la inmunidad natural.

________ **10.** Los bebés en desarrollo adquieren anticuerpos de sus madres.

COMPLETA LA TABLA

Completa la tabla al identificar la clase de inmunidad que se describe en la primera columna. Pon una marca en la casilla apropiada.

	Descripción	**Inmunidad natural**	**Inmunidad adquirida**
1.	Te inyectan con una vacuna		
2.	Te expones a la varicela.		
3.	Naces con una inmunidad.		
4.	Te ponen una inyección de anticuerpos.		
5.	Un bebé recibe anticuerpos de su madre antes de nacer.		

¿Cuáles son otras formas de luchar contra enfermedades?

19

antibióticos: sustancias químicas que matan bacterias dañinas

LECCIÓN 19 ¿Cuáles son otras formas de luchar contra enfermedades?

Tu cuerpo tiene muchas defensas para protegerse contra las enfermedades. Pero, a veces el cuerpo necesita ayuda. En estos casos, el médico puede recetar algún medicamento. El médico también te puede poner una inyección.

¿Te han recetado alguna vez la penicilina? La penicilina fue el primer **antibiótico** que se descubrió. Los antibióticos son sustancias químicas que matan bacterias dañinas.

La penicilina fue descubierto en 1929 por Alexander Fleming. Fleming era un científico inglés. Estaba criando bacterias en un platillo y se dio cuenta de que las bacterias no crecían en una parte del plato—la parte del plato en que había crecido un poco de moho. Fleming pensó que posiblemente el moho había producido una sustancia que era dañina para las bacterias. ¡Tenía razón! La sustancia era la penicilina. La penicilina mata algunas bacterias y las impide reproducirse.

Hay otros antibióticos también. Igual que la penicilina, la mayoría de los antibióticos provienen de los mohos. Sin embargo, algunos provienen de bacterias y de plantas.

Todos los antibióticos no son iguales. Cada antibiótico se puede usar solamente para tratar algunas enfermedades. Y ningún antibiótico sirve para matar los virus.

Antes de recetarle a una persona un antibiótico, la mayoría de los médicos preguntan a sus pacientes si tienen alergia al antibiótico. Lo hacen porque los antibióticos provocan reacciones alérgicas en algunas personas, tales como una fiebre o un salpullido. En los casos severos, una persona puede dejar de aspirar. Siempre debes avisarle al médico si tienes alergias a cualquier medicina o medicamento.

El descubrimiento de medicinas que luchan contra enfermedades ha sido muy importante para tratar las enfermedades. Pero la mejor manera de "tratar" las enfermedades es evitarlas. Las siguientes son algunas formas en que tú puedes ayudar a evitar las enfermedades.

Muchas enfermedades contagiosas se pueden evitar con la higiene apropiada.

Figura A

El enlatado, la pasteurización y la refrigeración adecuados ayudan a impedir las enfermedades contagiosas que resultan del envenenamiento de alimentos.

Figura B

Posiblemente la mejor manera de evitar las enfermedades es seguir un estilo de vida sano. Las personas se enferman muchas veces cuando el cuerpo está debilitado. Y los médicos creen que al vivir de una forma sana, se disminuyen las posibilidades de contraer enfermedades del corazón y algunos tipos del cáncer.

¿Cómo puedes llevar una vida sana?

- Hacer ejercicio con regularidad.
- Tener una dieta equilibrada.
- Descansar lo suficiente.
- Evitar sustancias dañinas como el tabaco.

Figura C

CIERTO O FALSO

En el espacio en blanco, escribe "Cierto" si la oración es cierta. Escribe "Falso" si la oración es falsa.

________ **1.** Un moho produce la penicilina.

________ **2.** Todos los antibióticos son iguales.

________ **3.** La mayoría de los antibióticos provienen de plantas.

________ **4.** La higiene apropiada puede ayudar a evitar las enfermedades.

________ **5.** Las bacterias producen algunos antibióticos.

________ **6.** La penicilina sirve para luchar contra los virus.

________ **7.** Un antibiótico es una sustancia química.

________ **8.** Seguir un estilo de vida saludable no tiene ningún efecto en las enfermedades.

________ **9.** Algunas personas tienen reacciones alérgicas a la penicilina.

________ **10.** Alexander Fleming fue el primero en notar la acción de un antibiótico.

PALABRAS REVUELTAS

A continuación hay varias palabras revueltas que has usado en esta lección. Pon las letras en orden y escribe tus respuestas en los espacios en blanco.

1. AMIDCIEN ____________________

2. HOSMO ____________________

3. RATAEBCIS ____________________

4. IERJEOCIC ____________________

5. INCIPEANIL ____________________

¿Qué es la ecología?

20

biosfera: zona estrecha y delgada de la tierra que sostiene toda la vida
comunidad: todos los organismos que viven en un lugar determinado
ecología: estudio de la relación entre los seres vivos y su medio ambiente
ecosistema: todos los seres vivos y las partes sin vida de un medio ambiente
población: todos los miembros de una especie que viven en la misma región

LECCIÓN 20 ¿Qué es la ecología?

Nuestro planeta es inmenso. Tiene un área de más de 500 millones de kilómetros cuadrados (200 millones de millas cuadradas). No obstante, la vida existe solamente en la superficie y en una parte que queda un poco por arriba y por abajo de la superficie. Esta estrecha zona de vida se llama la **biosfera**. Probablemente sabes que el prefijo bio- significa "vida".

La biosfera está repleta de todas las formas de vida. Estos organismos viven en todo tipo de medio ambiente. Todo lo que rodea un organismo es su medio ambiente. El medio ambiente puede ejercer un efecto sobre los seres vivos. Los seres vivos pueden ejercer un efecto sobre su medio ambiente.

El estudio de la relación entre los seres vivos y su medio ambiente se llama la **ecología**. Los científicos que estudian la ecología son ecólogos. Las partes con vida y sin vida de un medio ambiente en particular constituyen un **ecosistema.** Algunas de las partes sin vida de un ecosistema son el aire, el agua, la luz del sol y el suelo. Los seres vivos necesitan estos elementos para poder sobrevivir.

Un ecosistema puede ser grande, como un océano o una selva. O puede ser pequeño, como una charca o un área pequeña de hierbas en una parcela abandonada. ¡Hasta el acuario en una casa es un ecosistema!

Cada ecosistema consiste en una o más **comunidades.** Una comunidad se constituye de todos los organismos que viven en un lugar determinado. Por ejemplo, la comunidad de una charca puede incluir ranas, peces y lirios acuáticos.

Los miembros de una comunidad se necesitan, uno al otro. También dependen de los elementos sin vida, como el aire, la luz y el agua. Las partes con vida y sin vida de un medio ambiente siempre actúan recíprocamente. Y un cambio en una parte puede ocasionar un cambio en todas las partes.

Cada comunidad consiste en **poblaciones.** Una población consiste en todos los seres vivos de la misma especie que viven en el mismo sitio. ¿Cuántos estudiantes constituyen la población de tu clase?

En la Figura A se ve el ecosistema de un lago. Abajo hay una lista de las partes de este ecosistema. Junto a cada parte, escribe con vida si está viva. Escribe sin vida si no tiene vida.

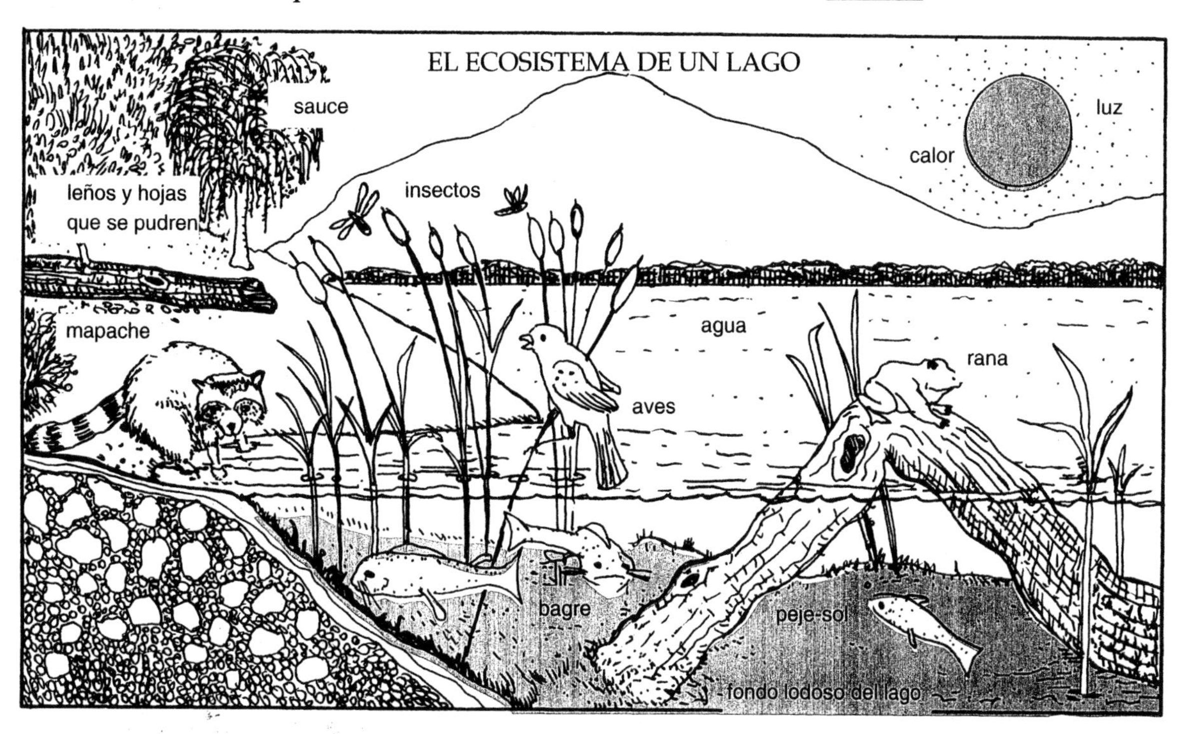

Figure A *El ecosistema de un lago*

1. luz del sol ____________________
2. bagre ____________________
3. sauce ____________________
4. mapache ____________________
5. calor ____________________
6. agua ____________________
7. peje-sol ____________________
8. plantas acuáticas ____________________
9. rana ____________________
10. fondo lodoso del lago ____________________
11. aire ____________________
12. insectos ____________________
13. aves ____________________
14. bacterias, algas y otros organismos de una célula (no se muestran, pero siempre están presentes en el ecosistema de un lago)

    ____

15. ¿Por qué no se muestran los organismos de una célula? ____________________

TERMINA LAS ORACIONES

Termina las oraciones con una palabra o una frase. Escribe tus respuestas en los espacios en blanco.

1. Un ecosistema consiste tanto en seres ______________ como en seres ______________ .

2. Todos los miembros con vida de un ecosistema forman ____________________.

3. La zona de la Tierra en que existe la vida se llama ___________________.

4. Todas las partes vivas y no vivas a los alrededores de un organismo se llaman su

____________________.

5. ¿Ejercen un efecto los seres vivos sobre las cosas sin vida? _________________
sí, no

6. ¿Ejercen un efecto las cosas sin vida sobre los seres vivos? _________________
sí, no

7. Un cambio en una parte del medio ambiente _______________ ocasionar un cambio en otra parte del medio ambiente.
puede, no puede

8. El estudio de la relación entre los organismos y su ambiente se llama ______________.

AMPLÍA TUS CONOCIMIENTOS

Un acuario es un ecosistema que puedes tener en tu hogar. Un acuario equilibrado es un ecosistema saludable. Es uno en que todos los organismos reciben todas las cosas que necesitan para vivir.

¿Cuáles son las partes vivas y las partes sin vida del ecosistema de un acuario?

con vida ____________________________

sin vida ____________________________

____

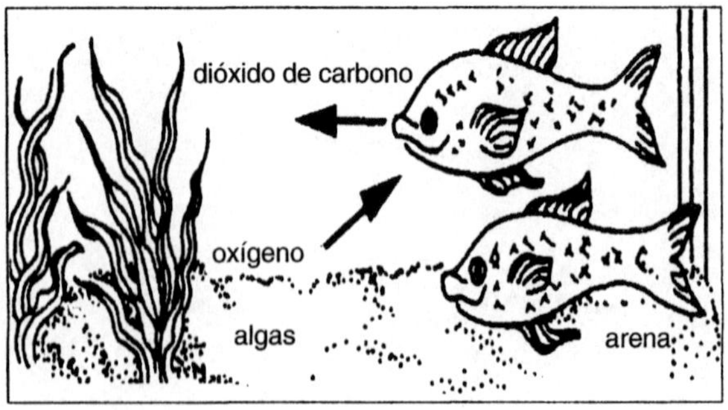

Figure B

¿Cuáles son otras características de un ecosistema?

21

consumidores: organismos que consiguen alimentos al comer otros organismos
descomponedores: organismos que se alimentan de organismos muertos
hábitat: lugar donde vive un organismo
función especializada: papel o trabajo de un organismo dentro de su medio ambiente
productores: organismos que pueden producir sus propios alimentos

LECCIÓN 21 ¿Cuáles son otras características de un ecosistema?

Si alguien te pregunta dónde vives, ¿cómo respondes? El lugar donde vive un organismo es su **hábitat**. Un hábitat es un lugar especial. Proporciona todo de lo que necesita un organismo, como alimentos y aire. Proporciona refugio para un organismo. También le da lugar en que se puede reproducir. A veces, distintas especies comparten el mismo hábitat. Por ejemplo, los insectos y los hongos pueden compartir el mismo leño pudrido. Las aves, las ardillas y los insectos pueden vivir en el mismo árbol.

Imagínate que alguien te pregunta cuál es el papel que haces o cuál es tu trabajo en la vida. Probablemente dirías que eres estudiante. Ser estudiante es el papel o el trabajo que haces donde vives. Los organismos también tienen trabajos y hacen papeles en sus comunidades. El trabajo de un ser vivo se llama su **función especializada**.

Los seres vivos pueden tener el mismo hábitat, pero no tienen la misma función especializada. Por ejemplo, los tigres y los venados comparten un hábitat en Asia. Pero, los tigres cazan y comen los venados, mientras los venados se alimentan de hierbas. No hacen el mismo papel.

Aunque los tigres y los venados de Asia hacen papeles diferentes, sí tienen en común la forma en que consiguen sus alimentos. Cada ecosistema consiste en diferentes tipos de organismos.

Algunos son **productores**. Los productores pueden producir sus propios alimentos. En la tierra, los productores principales son las plantas. En los lagos y océanos, las algas son los productores principales.

Otros son **consumidores**. Los consumidores consiguen alimentos al comer otros organismos. Algunos consumidores solamente comen plantas. Otros comen carne, o sea, otros animales. Y algunos, como tú, se alimentan tanto de plantas como de animales.

Algunos animales se alimentan de animales muertos. Se comen los animales que se han muerto o los que otros han matado. Por ejemplo, los buitres se comen animales muertos.

Las bacterias deshacen los desechos o los restos de organismos. Son **descomponedores**. Los descomponedores devuelven a la tierra los materiales de los organismos muertos.

Los seres vivos se necesitan, uno al otro, para su alimentación. Cada uno de los seres vivos es un eslabón en una cadena alimenticia. Una cadena alimenticia enseña el orden en que los seres vivos se alimentan de otros seres vivos.

Mira la Figura A. Enseña una cadena alimenticia. Las flechas en la cadena alimenticia indican la dirección en que los alimentos se mueven a lo largo de la cadena.

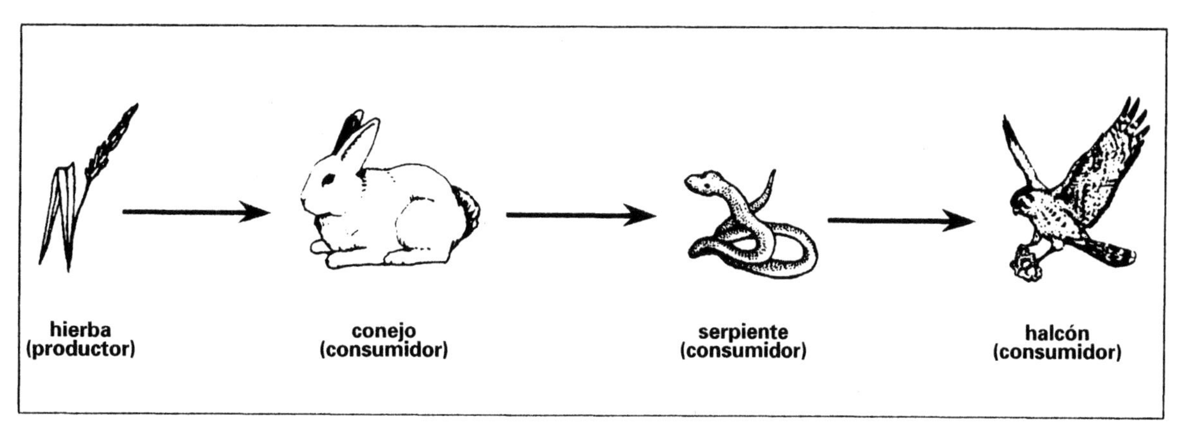

Figura A

No todos los organismos se alimentan de los mismos tipos de alimentos. Por esta razón, hay muchas cadenas alimenticias diferentes. Pero, todas las cadenas alimenticias empiezan con los PRODUCTORES.

¿POR QUÉ?

Los productores son los únicos organismos que producen sus propios alimentos, utilizando la energía del sol.

¿Por qué es el sol la fuente de energía para un ecosistema? ______________________

____

____

____

BUSCA LOS ESLABONES FALTANTES EN LAS CADENAS ALIMENTICIAS

A continuación se enseñan seis cadenas alimenticias. Falta un eslabón en cada cadena. Identifica el organismo que falta. Escribe tus respuestas en los espacios al pie de la página. Hay más de una respuesta posible para algunos espacios.

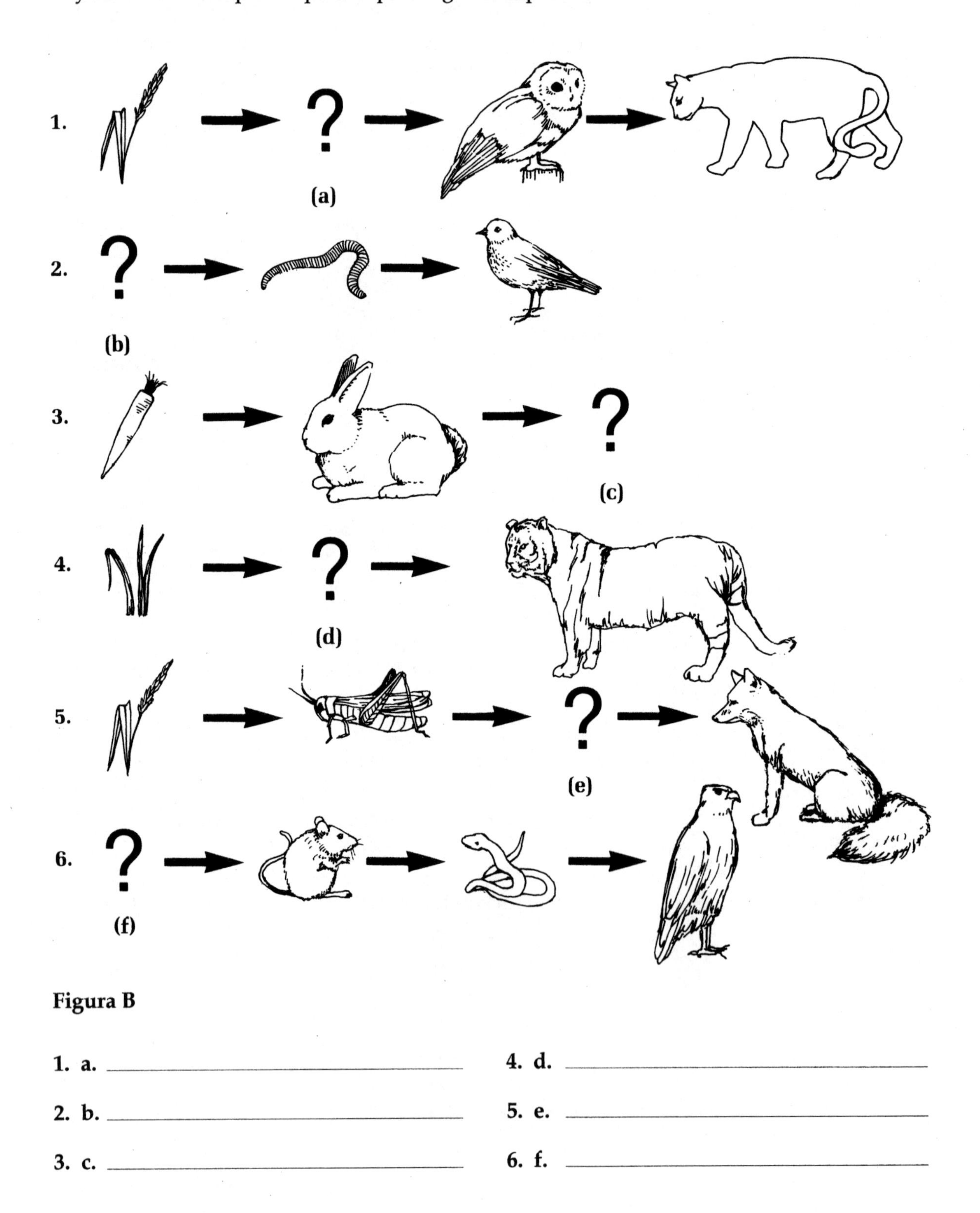

Figura B

1. a. ______________________ **4. d.** ______________________

2. b. ______________________ **5. e.** ______________________

3. c. ______________________ **6. f.** ______________________

LAS REDES ALIMENTICIAS

Acabas de aprender que las cadenas alimenticias enseñan las relaciones entre los alimentos. Sin embargo, en la naturaleza muchas cadenas alimenticias se ligan y se entrelazan. Forman una red alimenticia. Una red alimenticia es una forma más completa de indicar las relaciones entre alimentos. Una red alimenticia puede indicar cómo varias cadenas alimenticias se relacionan.

Examina la red alimenticia de la Figura C. Luego, contesta las preguntas.

1. ¿Cómo se llama el diagrama de la figura?

____

2. ¿Qué enseña este diagrama? __________

____

3. ¿Cuáles son dos organismos de que se alimenta un conejo? ______________

____

4. ¿Los lobos se alimentan de qué organismos? ______________________

5. ¿Cuál de los organismos es productor?

____

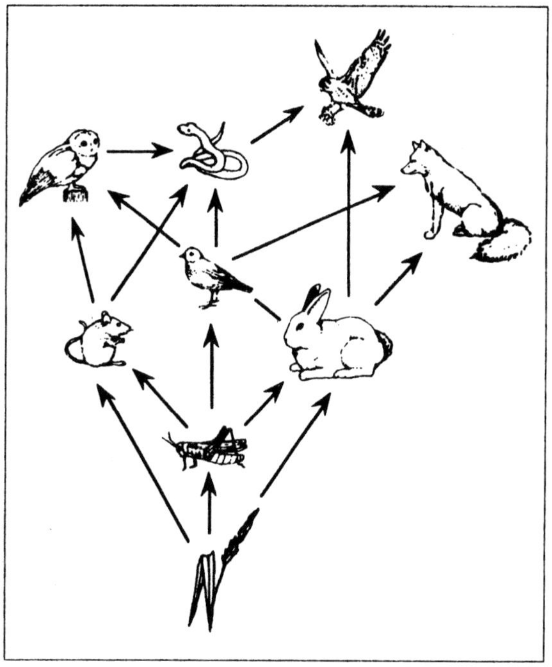

Figura C

HAZ TU PROPIA CADENA ALIMENTICIA

En el espacio de abajo, dibuja una de las cadenas alimenticias que se enseña en el diagrama de arriba.

COMPLETA LA TABLA

*Clasifica cada una de las descripciones como un **hábitat** o una **función especializada** al poner una marca en la casilla apropiada.*

Hábitat y función especializada			
	Descripción	**Hábitat**	**Función especializada**
1.	Alimentar a los peces		
2.	Debajo de las rocas		
3.	Un hoyo en un árbol		
4.	Comer ratones		
5.	Un nido en una rama		
6.	Comer semillas y frutas		
7.	Un leño		
8.	Una selva		
9.	Organismos lo comparten		
10.	Organismos no la comparten		

HACER CORRESPONDENCIAS

Empareja cada término de la Columna A con su descripción en la Columna B. Escribe la letra correcta en el espacio en blanco.

Columna A

_________ **1.** las plantas

_________ **2.** un productor

_________ **3.** un descomponedor

_________ **4.** un consumidor

_________ **5.** los buitres

_________ **6.** las algas

Columna B

a) organismo que produce sus propios alimentos

b) animal que se alimenta de otros organ ismos

c) se alimentan de animales muertos

d) organismo que deshace los desechos o los restos de otros organismos

e) productores principales en la tierra

f) productores principales en los lagos y océanos

COMPLETA LA TABLA

Clasifica cada organismo como **productor, consumidor** *o* **descomponedor***. Pon una marca en la casilla apropiada.*

	Organismo	Productor	Consumidor	Descomponedor
1.	Alga marina			
2.	Pato			
3.	Halcón			
4.	Hormigas			
5.	Bacterias			
6.	Personas			
7.	Conejos			
8.	Hierbas			
9.	Manzano			
10.	Abejas			
11.	Lombriz			
12.	Escarabajo			

COMPLETA LA ORACIÓN

Completa cada oración con una palabra o una frase de la lista de abajo. Escribe tus respuestas en los espacios en blanco.

función especializada red alimentos
sol tierra

1. Un productor puede producir sus propios ________________.
2. El ________________ es la fuente de energía para un ecosistema.
3. Las cadenas alimenticias se ligan para formar una ________________ alimenticia.
4. El papel que hace un organismo se llama su ________________.
5. Un descomponedor devuelve a la ________________ los materiales de organismos muertos.

Utiliza las pistas para solucionar este crucigrama.

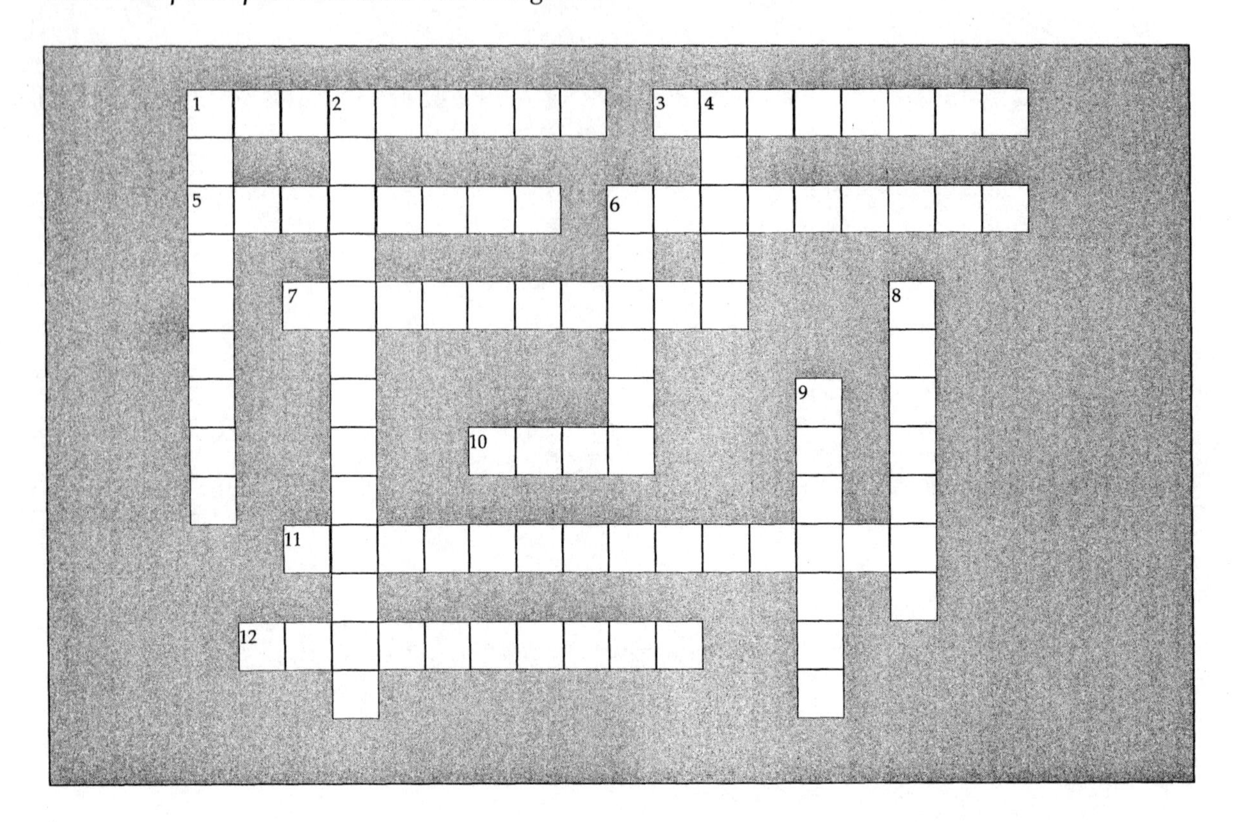

PISTAS

HORIZONTALES

1. organismo que produce sus propios alimentos
3. estudio de la relación entre los seres vivos y su medio ambiente
5. zona estrecha que sostiene todas formas de vida
6. todos los organismos que viven en un lugar determinado
7. organismo que consigue alimentos al comerse otros organismos
10. significado del prefijo bio-
11. lo que resulta del entrelazo de cadenas alimenticias (2 palabras)
12. todas las partes con vida y sin vida de un medio ambiente

VERTICALES

1. todos los miembros de una especie que viven en el mismo lugar
2. organismo que se alimenta de organismos muertos
4. lo que se hace durante la ingestión
6. el modelo de cómo se alimentan los organismos de un ecosistema se parece a este objeto
8. lugar donde vive un organismo
9. el papel que hace un organismo en su muchas medio ambiente

¿Qué son los biomedios?

22

biomedios: regiones grandes de la tierra que tienen tipos de organismos característicos

LECCIÓN 22 ¿Qué son los biomedios?

La biosfera se divide en grandes regiones que se llaman **biomedios**. Un biomedio se caracteriza principalmente por su temperatura media y por la cantidad de lluvia que recibe. Cada biomedio tiene un clima diferente. El clima, en cambio, afecta el suelo. Las regiones terrestres de la tierra se dividen en seis biomedios principales. Estos biomedios son:

LA TUNDRA Por la mayor parte del año, hace un frío penetrante en la tundra y se cubre de nieve y hielo. La tierra permanece congelada. Se llama el permagel. Solamente ciertas plantas pequeñas como los musgos y las hierbas pueden crecer en la tundra. Algunos animales, como los renos y los zorros, van allí durante la temporada del cultivo. Pero salen de nuevo tan pronto como llegue el tiempo muy frío. Muy pocos animales pasan todo el año en la tundra.

EL BOSQUE CONÍFERO Las coníferas son los árboles que producen piñas, tales como los pinos y los abetos. Las coníferas forman el biomedio del bosque conífero. Es una región de clima frío. Las coníferas forman bosques densos. Las copas de los árboles tapan la mayor parte de la luz del sol. No pueden crecer ni hierbas ni árboles más pequeños. Solamente unos arbustos, helechos y musgos crecen muy bien. Los bosques coníferos son el "hogar" de muchos animales, como las ardillas, los alces de América, las aves y los insectos.

EL BOSQUE DE ÁRBOLES DE HOJA CADUCA A los árboles de hoja caduca, como los arces y los robles, se les caen las hojas en el otoño. Los bosques de estos árboles crecen bien en climas templados. Puede hacer calor en los veranos y frío en los inviernos. Pero las temperaturas ni suben ni bajan por mucho tiempo. Los bosques de árboles de hoja caduca reciben un buen abastecimiento de agua. Forman bosques densos que proporcionan hábitats para muchos tipos de animales.

LA SELVA TROPICAL Hace mucho calor en una selva tropical y hay mucha humedad todo el tiempo. Recibe grandes cantidades de la luz del sol y de la lluvia. Este medio ambiente es excelente para el crecimiento de plantas y el desarrollo del suelo. Las plantas se ponen gruesas y altas. Las selvas tropicales se encuentran en regiones cercanas al ecuador. Las selvas tropicales contienen más especies de plantas y de animales que cualquier otro biomedio.

LAS TIERRAS DEHESAS Principalmente en la tierra dehesa crecen las hierbas. Las temperaturas en las tierras dehesas y en los bosques de árboles de hoja caduca son más o menos iguales. Pero en las tierras dehesas no cae tanta lluvia. Las tierras dehesas reciben suficiente lluvia para que crezcan las hierbas, pero no los árboles. Las tierras dehesas son excelentes para los animales que comen pastos. El suelo de las tierras dehesas es muy rico. Aquí se cultivan trigo y maíz. Las tierras dehesas son el "hogar" de muchos animales pequeños que hacen madrigueras.

EL DESIERTO El biomedio del desierto es muy árido. No recibe mucha lluvia. Por los días hace mucho calor y por las noches hace frío. El suelo del desierto es muy seco y malo. Por esta razón, solamente unas cuantas clases de plantas crecen en el desierto. Y muy pocos animales pueden sobrevivir en el desierto.

MÁS SOBRE LOS BIOMEDIOS

Este mapa enseña los biomedios terrestres principales de la tierra.

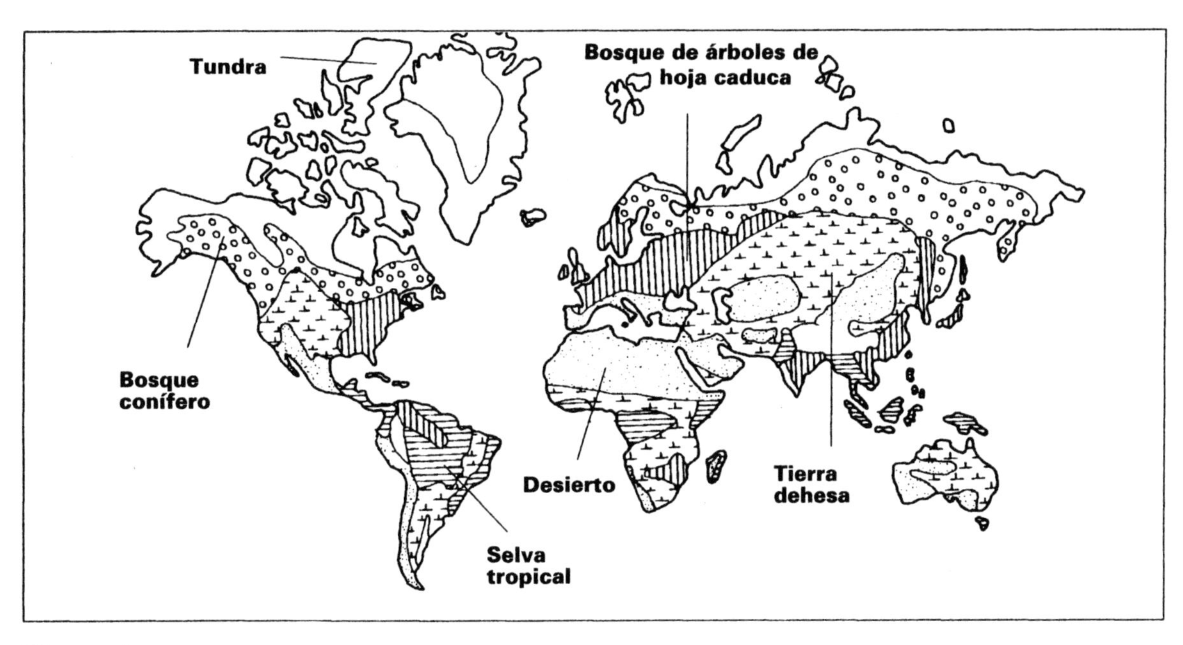

Figura A

1. ¿En cuál de los biomedios vives? ______________________

PARA COMPARAR LOS BIOMEDIOS

En la tabla de abajo se enseñan los climas de los biomedios terrestres principales. Examina la tabla y contesta las preguntas.

BIOMEDIO	PROMEDIO DE PRECIPITACIÓN ANUAL	PROMEDIO DE ESCALA DE TEMPERATURAS ANUALES
Tundra	menos de 25 cm	-25 °C – 4 °C
Bosque conífero	35 – 75 cm	-10 °C – 14 °C
Bosque de árboles de hoja caduca	75 – 125 cm	6 °C – 28 °C
Selva tropical	200 – 450 cm	25 °C – 28 °C
Tierra dehesa	25 – 75 cm	0 °C – 25 °C
Desierto	menos de 25 cm	24 °C – 40 °C

2. ¿Cuál es el promedio de las temperaturas anuales del biomedio de la selva tropical?

____

3. ¿Cuál de los biomedios recibe entre 75 y 125 cm de lluvia al año? ______________

____

¿QUÉ MUESTRAN LAS FOTOGRAFÍAS?

Las fotografías enseñan los seis biomedios terrestres principales. Identifica cada biomedio. Escribe en el espacio en blanco el nombre del biomedio que corresponda a la fotografía.

Figura B

1. Esta fotografía muestra el biomedio

_______________________.

Figura C

2. Esta fotografía muestra el biomedio

_______________________.

Figura D

3. Esta fotografía muestra el biomedio

_______________________.

Figura E

4. Esta fotografía muestra el biomedio

_______________________.

Figura F

Figura G

5. Esta fotografía muestra el biomedio

____________________.

6. Esta fotografía muestra el biomedio

____

_____________________________.

CONTESTACIONES MÚLTIPLES

En cada espacio en blanco, escribe la letra de la palabra que mejor termine cada oración.

_______ **1.** El permagel se encuentra en

a) los desiertos. **b)** la tundra.
c) los bosques coníferos. **d)** las selvas tropicales.

_______ **2.** Los árboles como los pinos y los abetos forman

a) las selvas tropicales. **b)** la tundra.
c) los bosques coníferos. **d)** las tierras dehesas.

_______ **3.** El biomedio que tiene el mayor número de especies de plantas y animales que cualquier otro biomedio es

a) la selva tropical. **b)** el bosque de árboles de hoja caduca.
c) el bosque conífero. **d)** las tierras dehesas.

_______ **4.** Muy pocos animales pueden sobrevivir en

a) las selvas tropicales. **b)** los desiertos.
c) las tierras dehesas. **d)** los bosques de árboles de hoja caduca.

_______ **5.** Los árboles que pierden las hojas en el otoño forman

a) la tundra. **b)** los bosques coníferos.
c) las tierras dehesas. **d)** los bosques de árboles de hoja caduca.

COMPLETA LA TABLA

Examina las características de los biomedios terrestres en la tabla. Completa la tabla al poner una marca en la casilla correcta.

Los biomedios terrestres

	Características	**Tundra**	**Bosque conífero**	**Desierto**	**Bosque de árboles de hoja caduca**	**Tierra dehesa**	**Selva tropical**
1.	Días muy calientes y noches muy frescas						
2.	Árboles que tienen hojas como agujas						
3.	Se usa para los ranchos						
4.	Cálido y húmedo todo el año						
5.	Permagel						
6.	Crecen los arces y robles						
7.	Crecen los cactos						
8.	Abetos y alces americanos son comunes						
9.	Crecen el trigo y el maíz						
10.	Selvas						
11.	Las hojas se caen en el otoño						
12.	Crecen las coníferas						
13.	Viven los renos						

¿Qué puede hacer cambios en el medio ambiente?

23

sucesión: proceso por el cual las poblaciones de un ecosistema se reemplazan por nuevas poblaciones

LECCIÓN 23 ¿Qué puede hacer cambios en el medio ambiente?

Uno de los mayores desastres del mundo sucedió el 27 de agosto de 1883. Un volcán de la isla de Krakatoa entró en erupción. La mayor parte de la isla fue completamente destruida. Una parte que estaba a una altura de casi un kilómetro fue inundada por aproximadamente 275 metros de agua.

La erupción ocasionó un maremoto inmenso. Arrasó las islas cercanas. Se ahogaron más de 36,000 personas.

El desastre de Krakatoa ocasionó grandes cambios en el medio ambiente. Las cenizas volcánicas subieron a las alturas de la atmósfera. Se obstruyó la energía del sol. Los vientos se llevaron estas cenizas por todo el mundo por más de un año. Las temperaturas bajaron. Las cosechas no crecieron bien. Los animales estaban desorientados. No podían distinguir entre el día y la noche.

La historia de la Tierra es una historia de transformaciones. Algunos cambios son acontecimientos naturales, tales como la erupción del volcán de Krakatoa, los terremotos, los incendios causados por relámpagos, las tormentas fuertes, las inundaciones y las épocas de sequía. Los acontecimientos transforman el medio ambiente. Cuando un medio ambiente se transforma, sus poblaciones las reemplazan lentamente nuevas poblaciones. Este proceso se llama la **sucesión**.

Un cambio en un grupo de organismos ocasiona un cambio en otro grupo. Los cambios suceden primero en las poblaciones de plantas. Luego, llegan distintos animales.

Cada año los incendios destruyen más de cuatro millones de acres de bosques norteamericanos.

La mayoría de las plantas se destruyen. Mueren muchos animales; otros se escapan.

Figura A

No se queda nada sino las cenizas y los esqueletos negros de lo que antes eran árboles vivientes.

La comunidad del bosque ya no existe... Pero, no se va a quedar así. Sucederán muchos cambios para restaurar el bosque. Pero tardará muchos años...

Figura B

1. Primero, crecen las hierbas y las malezas. Nacerán de raíces y semillas que estaban debajo del suelo. Crecen bien. No hay árboles para tapar la luz del sol.

Figura C

2. Estas plantas se desarrollan y producen semillas. El viento dispersa las semillas. Dentro de poco, se forma un prado. Animales pequeños, tales como los insectos y las aves, vuelven al área.

Figura D

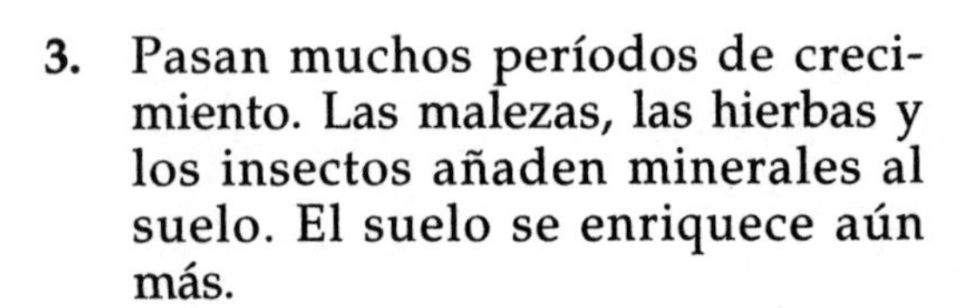

3. Pasan muchos períodos de crecimiento. Las malezas, las hierbas y los insectos añaden minerales al suelo. El suelo se enriquece aún más.

Figura E

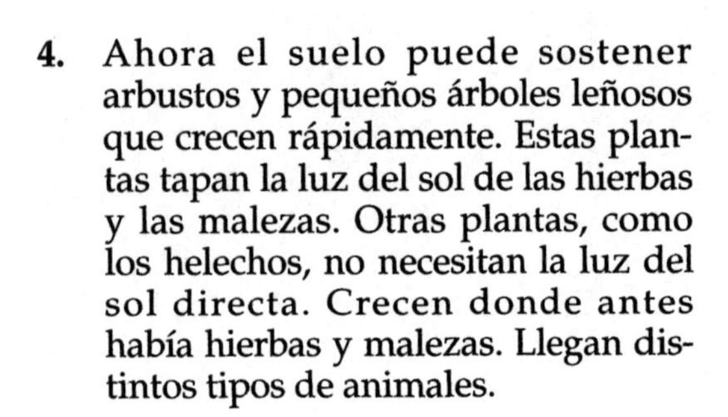

4. Ahora el suelo puede sostener arbustos y pequeños árboles leñosos que crecen rápidamente. Estas plantas tapan la luz del sol de las hierbas y las malezas. Otras plantas, como los helechos, no necesitan la luz del sol directa. Crecen donde antes había hierbas y malezas. Llegan distintos tipos de animales.

Figura F

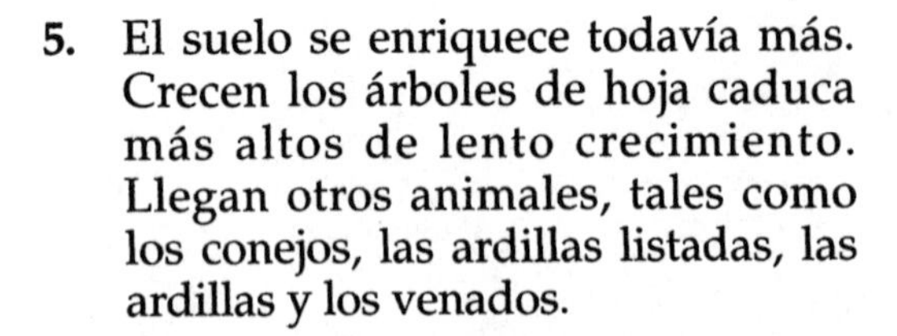

5. El suelo se enriquece todavía más. Crecen los árboles de hoja caduca más altos de lento crecimiento. Llegan otros animales, tales como los conejos, las ardillas listadas, las ardillas y los venados.

Ahora, el área está completamente desarrollada. Ha vuelto a ser un bosque. La comunidad se quedará en el área hasta que sucedan cambios de nuevo en el medio ambiente.

Figura G

COMPLETA LA ORACIÓN

Completa cada oración con una palabra o una frase de la lista de abajo. Escribe tus respuestas en los espacios en blanco.

árboles	transformándose	sucesión
arbustos	animales	de hoja caduca
plantas	lento	hierbas
naturales	malezas	

1. La tierra siempre está ________________.
2. Un cambio lento en las poblaciones de los organismos de un lugar se llama la ________________.
3. En la sucesión, los primeros cambios suceden en las poblaciones de las ________________.
4. Si se quema por completo un bosque, las ________________ y las ________________ son las primeras en crecer.
5. Cuando se cambian las poblaciones de plantas, llegan ________________ diferentes.
6. Los cambios, tales como las erupciones de volcanes y los terremotos, son acontecimientos ________________.
7. Los robles y los arces se encuentran probablemente en un bosque de árboles ________________.
8. Con el paso de las estaciones, los ________________ reemplazan las hierbas y las malezas.
9. La sucesión es un proceso ________________.
10. Las hierbas y las malezas crecen bien donde no hay ________________ que tapen la luz del sol.

Los pasos a continuación describen la destrucción y el renacimiento de un ecosistema forestal. Pon los pasos en el orden correcto.

- arbustos y árboles bajos de crecimiento rápido
- ardillas listadas y conejos
- prado
- bosque muerto
- hierbas y malezas
- aves e insectos pequeños
- bosque
- incendio
- árboles altos de hoja caduca de crecimiento lento

1. ______________________________
2. ______________________________
3. ______________________________
4. ______________________________
5. ______________________________
6. ______________________________
7. ______________________________
8. ______________________________
9. ______________________________

¿Cómo estorban las personas el equilibrio de la naturaleza?

24

contaminantes: sustancias dañinas
contaminación: cualquier cosa que hace daño al medio ambiente

LECCIÓN 24 ¿Cómo estorban las personas el equilibrio de la naturaleza?

Un medio ambiente está cambiándose todo el tiempo. A veces, los cambios trabajan juntos para mantener el equilibrio del medio ambiente. En un medio ambiente equilibrado el número de la población se queda casi igual a través del tiempo.

A veces se estorba el equilibrio de un ambiente. Muchas veces las personas estorban el equilibrio de la naturaleza. Las personas estorban el equilibrio de la naturaleza al destruir los hábitats de otros seres vivos. Por ejemplo, las personas talan bosques para establecer granjas o ranchos y ciudades. Construyen presas y excavan minas. Todas estas actividades humanas pueden ser dañinas a otros organismos del medio ambiente. Muchas especies de animales tienen dificultad de sobrevivir debido a la forma en que las personas han estorbado el equilibrio de la naturaleza.

Las personas también estorban el equilibrio de la naturaleza al causar la **contaminación**. Probablemente ya sabes que la contaminación es un problema muy grave. La contaminación incluye cualquier cosa que hace daño al medio ambiente. Existe cuando se sueltan sustancias dañinas o nocivas, los **contaminantes**, en el medio ambiente. La contaminación del aire, de la tierra y del agua son todos problemas de mayor gravedad. En la actualidad, muchas sustancias diferentes están intoxicando o envenenando el medio ambiente y estorbando el equilibrio de la naturaleza. Ni siquiera podemos pensar sólo en la contaminación del aire, sólo en la contaminación del agua ni sólo en la contaminación de la tierra. La contaminación puede empezar en una parte de nuestro medio ambiente. Pero no se queda allí. Se D-I-S-P-E-R-S-A a todas las partes.

Cada día aumenta la contaminación. Igual que los otros organismos, las personas también sufren los efectos de la contaminación, los cuales consisten en las enfermedades, los impedimentos congénitos, las enfermedades respiratorias y en muchos otros problemas. Por lo tanto, debemos trabajar juntos para disminuir la contaminación.

Examina los dibujos a continuación y lee acerca de cada uno. Luego, contesta las preguntas.

Figura A

Quemar los combustibles fósiles es la causa principal de la contaminación del aire. El petróleo, el carbón y el gas natural son combustibles fósiles. Cuando se queman estos combustibles, se sueltan al aire muchas sustancias nocivas.

1. ¿Cómo crees que el uso compartido de coches ayuda a disminuir la contaminación del aire?____________________

____

____

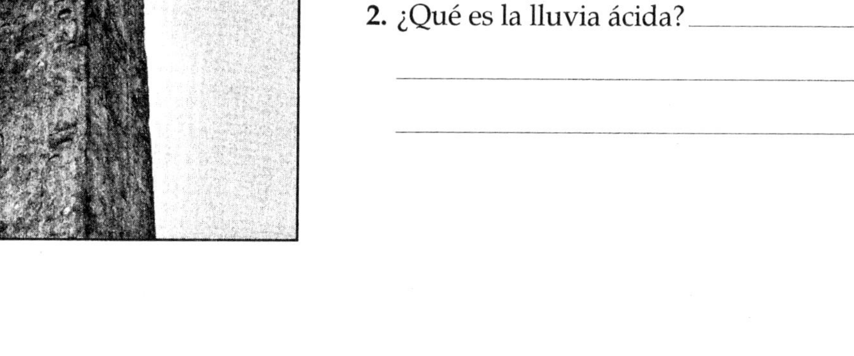

Figura B

Al soltarse algunos gases naturales al aire, se mezclan con el agua para formar ácidos. Los ácidos se caen a la tierra en la forma de lluvia ácida. La lluvia ácida mata a los seres vivos. También hace daño a los edificios y a las estatuas.

2. ¿Qué es la lluvia ácida?____________________

____

____

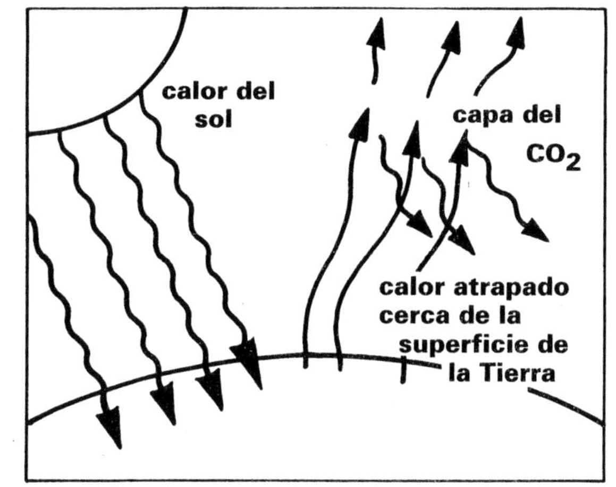

Figura C

Los combustibles necesitan oxígeno cuando se queman. Emiten el dióxido de carbono. El dióxido de carbono atrapa la energía del calor del sol.

3. Los científicos creen que el aumento del dióxido de carbono en el aire hace que la temperatura de la tierra esté

____.
subiendo, bajando

LA CONTAMINACIÓN DEL AGUA Y DE LA TIERRA

La contaminación del agua sucede cuando sustancias dañinas entran en el agua. Las fuentes principales de la contaminación del agua incluyen las aguas cloacales, los residuos químicos de las fábricas y el drenaje de los abonos y los insecticidas de los campos agrícolas.

Seguramente has visto latas, botellas y papeles tirados sobre la tierra. Estos materiales tirados se llaman desperdicios. Los desperdicios son una fuente de la contaminación de la tierra. La basura y los residuos químicos son otras fuentes de la contaminación de la tierra. Nosotros producimos miles de millones de basura al año. Frecuentemente se entierran los residuos químicos.

AHORA, ¡INTENTA ÉSTAS!

A continuación hay una lista de diez contaminantes y fuentes de la contaminación.

Escribe **agua** junto a los que empiezan como la contaminación del agua. Escribe **tierra** junto a los que empiezan como la contaminación de la tierra.

_________ **1.** emisión de aguas cloacales

_________ **2.** verter sustancias químicas a los ríos

_________ **3.** insecticidas

_________ **4.** detergentes

_________ **5.** basuras

_________ **6.** enterrar barriles de residuos tóxicos

_________ **7.** abonos

_________ **8.** uso del DDT para controlar los zancudos

_________ **9.** desperdicios

_________ **10.** abandono de coches descuidados

Explica cómo un gas contaminante en la atmósfera puede llegar a ser

a) la contaminación del agua. _______________________________________

____

b) la contaminación de la tierra. _______________________________________

____

COMPLETA LA ORACIÓN

Completa cada oración con una palabra o una frase de la lista de abajo. Escribe tus respuestas en los espacios en blanco.

dispersa	enfermedades	aire
contaminación	equilibrado	disminuir
sol	no	impedimentos
aguas cloacales	sobrevivir	residuos
contaminantes		

1. Cualquier cosa que hace daño al medio ambiente resulta en la ________________ .

2. La contaminación sucede cuando los ________________ entran en el medio ambiente.

3. El número de la población se queda casi igual en un medio ambiente ____________ .

4. Muchas especies lo encuentran difícil de ____________ debido a las actividades humanas.

5. Las fuentes principales de la contaminación del agua incluyen las ________________

y los ______________ químicos.

6. La contaminación puede resultar en ______________ y en ______________ congénitos en las personas.

7. La contaminación ______________ se queda en un solo lugar. Se ____________ a todas las partes del medio ambiente.

8. Para ayudar a la naturaleza a mantener el equilibrio apropiado, tenemos que

______________ la contaminación.

9. Quemar los combustibles fósiles es la causa principal de la contaminación del

______________ .

10. El dióxido de carbono atrapa la energía del ______________ .

AMPLÍA TUS CONOCIMIENTOS

Cada año se destruyen aproximadamente <u>66,000 millas cuadradas</u> de las selvas tropicales del mundo. ¿Cómo estorba el equilibrio de la naturaleza esta destrucción? ____________

____

____

CIENCIA *EXTRA*

Director de un coto para flora y fauna

¿Cómo salvarías a los animales y las plantas? Podrías hacerte director de un coto para flora y fauna. El director de un coto se encarga del área protegida de plantas y animales silvestres. Los cotos pueden estar en bosques, desiertos u otros hábitats.

Para proteger a las plantas y los animales, los directores de cotos tienen que comprender el efecto del clima y la tierra sobre los seres vivos. Miden la temperatura, la cantidad de lluvia y la química del suelo. Los directores de cotos trabajan directamente con las plantas y los animales. Cuentan las poblaciones de diferentes especies que viven en el coto. Esto se llama levantar un censo. Es importante que sepan los números de las poblaciones de las especies que están intentando proteger. A veces, hay tantas plantas y tantos animales que es imposible contarlos todos. En este caso, los directores calculan el número de la población, basándose en un ejemplar. Esto quiere decir que cuentan las plantas o los animales individuales en una pequeña área. Luego, comparan el área ejemplar con todo el coto.

A veces, los directores toman medidas activas para proteger a una planta o a un animal muy excepcional. Si vive en el coto una especie excepcional de ave, por ejemplo, el director puede prohibir que la gente se acerque a los nidos o puede cerrar el coto durante la cría.

Necesitas un título universitario en la biología, la botánica o la zoología para ser director de un coto. Parte del trabajo incluye preparar informes y analizar datos del campo. Por eso, es importante estudiar matemáticas, estadísticas y composición técnica para prepararte. También debes disfrutar de estar al aire libre, en la lluvia, la nieve, el calor o el frío. Los directores salen hasta en la intemperie; pues, su labor no espera el buen tiempo.

¿Qué es la conservación? 25

conservación: uso inteligente de los recursos naturales
recursos naturales: materiales y energía de la biosfera que los seres vivos utilizan
recursos no renovables: recursos que no se pueden reemplazar
recursos renovables: recursos que la naturaleza puede reemplazar

LECCIÓN 25 | ¿Qué es la conservación?

Piensa en la despensa de tu hogar. Allí hay muchos tipos de alimentos. Cuando te quedan pocos, los reemplazas. Pero, ¿qué pasaría si llegaste a saber que no podrías reemplazar ciertos alimentos? ¿Qué harías?

Intentarías hacer que duraran por tanto tiempo que sea posible. Los usarías frugalmente o los conservarías. Conservar quiere decir proteger o mantener con el fin de que no se agote por completo.

La Tierra es como una despensa inmensa. Tiene todo lo que necesitamos para sostenernos. Está abastecida de las cosas que usan las personas en la actualidad, tales como las menas para los metales y los combustibles para la energía. Todas las cosas que sacamos del medio ambiente se llaman **recursos naturales.**

Hay dos grupos principales de recursos naturales: los recursos renovables y los recursos no renovables.

LOS RECURSOS RENOVABLES los reemplaza la naturaleza. El oxígeno, el agua, la tierra y los seres vivos son recursos renovables. Las plantas producen oxígeno mediante la fotosíntesis. El suelo se forma cuando las rocas se desgastan. El agua se renueva mediante el ciclo del agua. Los seres vivos se reproducen.

LOS RECURSOS NO RENOVABLES no los reemplaza la naturaleza, al menos no por un período de tiempo razonable. Los combustibles fósiles, tales como el petróleo, el carbón y el gas natural, son recursos no renovables, igual que los minerales. Obtenemos los metales de las menas de minerales. ¿Cómo sería diferente tu vida sin los combustibles fósiles y los metales?

En una época, nuestro abastecimiento de los recursos naturales nos parecía interminable. Ahora sabemos mejor. La población del mundo se está aumentando. Estamos usando más, desperdiciando más, y contaminando más de los recursos naturales que hacíamos en el pasado.

La despensa de la Tierra tiene límites. Tenemos que usar nuestros recursos inteligentemente. Si no lo hacemos, no habrá suficientes recursos para las generaciones futuras.

LAS ÁREAS DE CONSERVACIÓN

El uso inteligente de nuestros recursos naturales se llama la **conservación.** La conservación de todos los recursos, incluso los recursos renovables, es importante. Aunque se reemplazan los recursos renovables, su abastecimiento es limitado. Las personas deben ejercer cuidado de no utilizarlos más rápido de lo que se puedan reemplazar.

LA CONSERVACIÓN DEL AIRE

La contaminación del aire es muy mala en la mayoría de las zonas industriales y las ciudades. Pero la contaminación del aire se dispersa por todas partes de la Tierra.

El aire contaminado puede tener mal olor. Puede ocasionar problemas de salud, tales como las enfermedades respiratorias, el cáncer de los pulmones y las alergias. El aire contaminado también mata los árboles y disminuye las cosechas de alimentos.

Los vehículos con motores y las fábricas son las causas principales de la contaminación del aire. Debemos promulgar y hacer cumplir leyes estrictas en cuanto a la contaminación del aire.

Figura A

¿Qué leyes propondrías para ayudar a disminuir la contaminación del aire? ________

____

Unas de las maneras menos costosas para controlar la contaminación del aire es caminar en vez de conducir y utilizar los medios de transporte públicos.

LA CONSERVACIÓN DEL AGUA

Por término medio, una persona toma aproximadamente 228 galones de agua al año. Pero el agua no se usa solamente para tomar. La usamos de muchas otras formas. Por ejemplo, la usamos para bañarnos, nadar, limpiar, cocinar y navegar. El agua también es muy importante para la depuración adecuada de aguas cloacales, la industria, la agricultura y la piscicultura.

Nuestro abastecimiento del agua tiene que mantenerse limpio y seguro para tomarse. Tenemos que dejar de verter desechos y aguas cloacales en el agua. También, podemos conservar el agua al cerrar la llave cuando nos limpiamos los dientes y al ducharnos en vez de lavarnos en la bañera.

Figura B

¿En qué otras formas puedes conservar el agua? ________

____

Tarda entre 500 y 1000 años para que la naturaleza reemplace aproximadamente dos centímetros y medio (una pulgada) de la capa superficial del suelo.

El suelo puede llevarse por el viento y las aguas corrientes. Esta extirpación del suelo se llama la erosión. Se puede disminuir los efectos de la erosión.

Para evitar que se erosione demasiado suelo, las personas tienen que poner en práctica la conservación del suelo.

Figura C

Algunas maneras de conservar el suelo incluyen las siguientes:

a) Cubrir el suelo con plantas, tales como las hierbas o los arbustos. Las raíces de las plantas ayudan a mantener íntegro el suelo.

b) Establecer límites al talar los árboles de los bosques. Los árboles sirven de protección contra los vientos fuertes y ayudan a evitar que el viento se lleve al suelo.

c) Sembrar las cosechas por lo ancho de la inclinación de una colina en vez de sembrarlas en la colina desde arriba hacia abajo. Esto ayuda a evitar que el suelo sea llevado por el agua que corre hacia abajo.

d) Añadir materiales al suelo, tales como el humus o los abonos naturales.

Figura D

Todas las plantas y los animales naturales que viven en una región se llaman la **flora y fauna.** La flora y la fauna pertenecen a la naturaleza. Nos proporcionan alimentos, ropa y muchos otros productos. Además, la flora y la fauna son bonitas para contemplar.

Figura E

La actividad de los humanos puede ocasionar la extinción (la muerte) de muchas formas de flora y fauna. Somos culpables de la contaminación y de cazar demasiados animales. Destruimos los hábitats de la flora y la fauna para la construcción y la minería. Estas acciones estorban el equilibrio de la naturaleza.

Algunas formas de conservar la flora y fauna son:

a) Proteger los hábitats de los organismos.

b) Hacer cumplir leyes estrictas para la caza y la pesca.

c) Establecer reservas, parques, y otras tierras públicas para el uso de la flora y fauna.

d) Establecer lugares para la crianza de especies en peligro de la extinción (los organismos que están en peligro de extinguirse).

Los bosques son el "hogar" de muchas plantas y animales. Los bosques nos proporcionan oxígeno, leña, madera para pasta de papel, medicamentos y muchos otros productos. Se usa la madera para la pasta en la fabricación de papel, incluso para las páginas de este libro.

Las selvas tropicales tienen más especies de plantas y de animales que cualquier otro lugar del mundo.

Se están perdiendo muchos de los hábitats de las selvas tropicales.

Figura F *"Sólo tú puedes evitar los incendios forestales."*

Los incendios causados por el descuido humano destruyen muchos bosques. La instrucción del público acerca de los peligros de los incendios forestales es una forma de ayudar a conservar los bosques.

Otros métodos para la conservación forestal son:

a) Sembrar nuevos árboles para reemplazar los que se han talado para leña o para otros productos.

b) Cortar solamente determinadas partes de un bosque para dejar que las semillas de los demás árboles reemplacen los árboles talados.

c) Quitar solamente los árboles más viejos o los árboles enfermos de las regiones forestales.

Figura G

LA CONSERVACIÓN DE LOS METALES

Reciclar quiere decir "utilizar una y otra vez". Algunos recursos, tales como los metales, se pueden reciclar. Las latas de aluminio, las botellas de vidrio, los periódicos y algunos de los metales que se usan en los coches se pueden reciclar. Se pueden fundir para usarlos de nuevo. La mayoría de los objetos se pueden reciclar una y otra vez. El reciclaje es una forma importante para conservar los minerales.

Figura H *"SOLAMENTE EL ALUMINIO"*

LA CONSERVACIÓN DE LOS COMBUSTIBLES

Los combustibles son recursos no renovables. Una vez que se usa un combustible, está agotado. No se puede reciclar. La mejor manera de conservar un combustible es de no malgastarlo. Hay que usarlo frugalmente. Debes utilizar un combustible igual que harías con algo no reemplazable en tu despensa.

Algunas maneras de conservar los combustibles son:

a) Conducir coches que viajan a muchas millas por galón y conducir de acuerdo con los límites de la velocidad.
b) Caminar, ir en bicicleta o compartir el uso de los coches cuando sea posible.
c) Apagar las luces al salirse de un cuarto. Así se conserva el combustible que se utiliza para producir la electricidad.
d) Utilizar aparatos eléctricos que conservan la electricidad.

CONTESTACIONES MÚLTIPLES

En cada espacio en blanco, escribe la letra de la palabra que mejor termine cada oración.

________ **1.** Todas las cosas que la naturaleza nos proporciona se llaman
a) despensas. **b)** menas.
c) recursos naturales. **d)** recursos renovables.

________ **2.** Las cosas que la naturaleza puede reemplazar dentro de poco tiempo se llaman
a) recursos renovables. **b)** recursos no renovables.
c) combustibles fósiles. **d)** flora y fauna.

________ **3.** Un ejemplo de un recurso renovable es
a) el carbón. **b)** la mena de aluminio.
c) el oxígeno. **d)** el petróleo.

________ **4.** Las cosas que la naturaleza no puede reemplazar durante un período de tiempo razonable se llaman
a) recursos renovables. **b)** recursos no renovables.
c) la contaminación. **d)** recursos naturales.

________ **5.** Un ejemplo de un recurso no renovable es
a) el agua. **b)** el suelo.
c) el aire. **d)** los minerales.

________ **6.** El uso inteligente de nuestros recursos naturales se llama
a) el reciclaje. **b)** la consideración.
c) la conservación. **d)** la erosión.

________ **7.** Los organismos que están en peligro de morirse se consideran:
a) en peligro de extinguirse. **b)** ya extinguidos.
c) conservados. **d)** la flora y fauna.

________ **8.** El uso de los recursos una y otra vez se llama
a) la erosión. **b)** la bicicleta.
c) el reciclaje. **d)** el reemplazo.

HACER CORRESPONDENCIAS

Empareja cada término de la Columna A con su descripción en la Columna B. Escribe la letra correcta en el espacio en blanco.

	Columna A	Columna B
________	**1.** el agua, el aire, el suelo y los seres vivos	**a)** uso inteligente de los recursos
________	**2.** minerales y combustibles fósiles	**b)** la causa de la mayor parte de la contaminación
________	**3.** la conservación	**c)** recursos no renovables
________	**4.** la contaminación	**d)** recursos renovables
________	**5.** las personas	**e)** hace daño a todos los seres vivos

AMPLÍA TUS CONOCIMIENTOS

Haz una lista de cinco objetos que usas frecuentemente. Nombra el recurso natural (o los recursos naturales) de que proviene cada una de las cosas que escribiste en la lista.

OBJETO	RECURSO(S) NATURAL(ES)
________	________
________	________
________	________
________	________
________	________

CONVERSIONES MÉTRICAS-INGLESAS

	Sistema métrico al inglés	*Sistema inglés al métrico*
Longitud	1 kilómetro = 0.621 milla	1 milla = 1.61 km
	1 metro = 3.28 pies	1 pie = 0.305 m
	1 centímetro = 0.394 pulgada (pulg)	1 pulg = 2.54 cm
Área	1 metro cuadrado = 10.763 pies cuadrados	1 pie^2 = 0.0929 m^2
	1 centímetro cuadrado = 0.155 pulgada cuadrada	1 pulg^2 = 6.452 cm^2
Volumen	1 metro cúbico = 35.315 pies cúbicos	1 pie^3 = 0.0283 m^3
	1 centímetro cúbico = 0.0610 pulgada cúbica	1 pulg^3 = 16.39 cm^3
	1 litro = .2642 galón (gal)	1 gal = 3.79 L
	1 litro = 1.06 cuartos	1 cuarto = 0.94 L
Masa	1 kilogramo = 2.205 libras (lb)	1 lb = 0.4536 kg
	1 gramo = 0.0353 onza (oz)	1 oz = 28.35 g
Temperatura	Celsio = 5/9 (°F –32)	Fahrenheit = 9/5 °C + 32
	0 °C = 32 °F (Punto de congelación del agua)	72 °F = 22 °C (Temperatura ambiental)
	100 °C = 212 °F (Punto de ebullición del agua)	98.6 °F = 37 °C (Temperatura del cuerpo humano)

UNIDADES MÉTRICAS

La unidad básica se enseña con letras mayúsculas.

Longitud	*Símbolo*
kilómetro	km
METRO	m
centímetro	cm
milímetro	mm
Área	***Símbolo***
kilómetro cuadrado	km^2
METRO CUADRADO	m^2
milímetro cuadrado	mm^2
Volumen	***Símbolo***
METRO CÚBICO	m^3
milímetro cúbico	mm^3
litro	L
mililitro	mL
Masa	***Símbolo***
KILOGRAMO	kg
gramo	g
Temperatura	***Símbolo***
grado Celsio	°C

ALGUNOS PREFIJOS MÉTRICOS

Prefijo		*Significado*
micro-	=	0.000001 ó 1/1,000,000
mili-	=	0.001 ó 1/1000
centi-	=	0.01 ó 1/100
deci-	=	0.1 ó 1/10
deca-	=	10
hecto-	=	100
kilo-	=	1000
mega-	=	1,000,000

ALGUNAS RELACIONES MÉTRICAS

Unidad	*Relación*
kilómetro	1 km = 1000 m
metro	1 m = 100 cm
centímetro	1 cm = 10 mm
milímetro	1 mm = 0.1 cm
litro	1 L = 1000 mL
mililitro	1 mL = 0.001 L
tonelada métrica	1 Tm = 1000 kg
kilogramo	1 kg = 1000 g
gramo	1 g = 1000 mg
centigramo	1 cg = 10 mg
miligramo	1 mg = 0.001 g

GLOSARIO/ÍNDICE

ácidos nucleicos: compuestos orgánicos que fabrican proteínas, controlan la célula y determinan la herencia, 95
adaptación: carácter de un organismo que le ayuda a vivir en su medio ambiente, 73
anatomía: estudio de las partes, o las estructuras, de los seres vivos, 65
antibióticos: sustancias químicas que matan bacterias dañinas, 125
anticuerpos: proteínas producidas por el cuerpo que matan los gérmenes, 117
antropólogos: científicos que estudian los seres humanos y la trayectoria de su evolución, 85

biomedios: regiones grandes de la tierra que tienen tipos de organismos característicos, 141
biosfera: zona estrecha y delgada de la tierra que sostiene toda la vida, 129
bípedo: recto; que camina con dos pies en vez de con cuatro, 79

capa proteínica: envoltura de proteína que recubre un virus, 95
caracteres: características de seres vivos, 1
cilios: estructuras diminutas como pelitos, 117
clonaje: producción de organismos que tienen genes iguales, 53
comunidad: todos los organismos que viven en un lugar determinado, 129
conservación: uso inteligente de los recursos naturales, 159
consumidores: organismos que consiguen alimentos al comer otros organismos, 133
contaminación: cualquier cosa que hace daño al medio ambiente, 153
contaminantes: sustancias dañinas, 153
cría controlada: apareamiento de organismos para engendrar progenie con ciertos caracteres, 47
cromosomas: estructuras, que tienen forma de bastoncillo, en el núcleo de una célula y que controlan la herencia, 7
cromosomas sexuales: los cromosomas X e Y, 35

descomponedores: organismos que se alimentan de organismos muertos, 133

ecología: estudio de la relación entre los seres vivos y su medio ambiente, 129
ecosistema: todos los seres vivos y las partes sin vida de un medio ambiente, 129
empalme de genes: traslado de una sección de A.D.N. de los genes de un organismo a los genes de otro organismo, 53
enfermedad contagiosa: enfermedad vírica que se puede transmitir de una persona a otra, 101
enfermedades no contagiosas: enfermedades no causadas por los gérmenes y que no se propagan de persona a persona, 109
enfermedad vírica: enfermedad que resulta cuando los virus (o los gérmenes) entran en el cuerpo, 101
estructuras rudimentarias: partes del cuerpo que tienen tamaño disminuido y que ya no tienen función, 65
evolución: proceso por el cual los organismos se transforman a través del tiempo, 59
extinguido: organismo que ya no existe en la tierra, 59

fósiles: restos de organismos que existían en el pasado, 59
función especializada: papel o trabajo de un organismo dentro de su medio ambiente, 133

gameto: célula sexual, 7
gene: parte de un cromosoma que controla los caracteres hereditarios, 7
gene dominante: gene más fuerte que siempre se presenta, 15
gene recesivo: gene más débil que se "esconde" cuando está presente el gene dominante, 15
genética: estudio de la herencia, 7
glóbulos blancos de la sangre: células que protegen al cuerpo contra enfermedades, 117

hábitat: lugar donde vive un organismo, 133
hibridación: apareamiento de dos tipos diferentes de organismos, 47
híbrido: que tiene dos genes diferentes, 15

homínidos: grupo de primates en el cual se clasifican los seres humanos actuales y sus antepasados, 85

inmunidad: resistencia a una enfermedad determinada, 117
ingeniería genética: métodos que se usan para producir nuevas formas de A.D.N., 53

matriz de Punnett: tabla que se usa para mostrar las posibles combinaciones de los genes, 21
mezcla: combinación de genes en que se presenta una mezcla de los dos caracteres, 27
mimetismo: capacidad de un organismo de asemejarse a sus alrededores o la adaptación de un organismo que protege al organismo porque se parece tanto a otro organismo, 73
mucosa: sustancia pegajosa que atrapa los gérmenes, 117

población: todos los miembros de una especie que viven en la misma región, 129
predominio incompleto: mezcla de caracteres llevados por dos o más genes diferentes, 27
primates: orden de mamíferos, 79
procreación en consanguinidad: apareamiento de organismos dentro de la misma familia consanguínea, 47
productores: organismos que pueden producir sus propios alimentos, 133
pulgar oponible: un pulgar que puede tocar todos los otros dedos, 79
puro: que tiene dos genes iguales, 15

recursos naturales: materiales y energía de la biosfera que los seres vivos utilizan, 159
recursos no renovables: recursos que no se pueden reemplazar, 159
recursos renovables: recursos que la naturaleza puede reemplazar, 159

selección en masa: cruce de organismos con caracteres deseables, 47
selección natural: supervivencia de los organismos con caracteres favorables, 59
SIDA: enfermedad vírica que ataca el sistema inmunológico de una persona, 101
sistema inmunológico: sistema corporal que consiste en células y tejidos que ayudan a una persona a luchar contra enfermedades, 101
sucesión: proceso por el cual las poblaciones de un ecosistema se reemplazan por nuevas poblaciones, 147

virus: pedacito de ácido nucleico cubierto de una envoltura exterior de proteína, 95